获得国家自然科学基金“基于化学振荡的酶联免疫农药残留高灵敏度快速检测”项目资助,项目号:30760137
获得国家自然科学基金“基于化学振荡动力学检测的酶联免疫诊断技术”项目资助,项目号:31160187
获得教育部高等学校博士学科点专项科研基金,“植物性农药与现代农药残留检测技术”项目资助,项目号:20094404110004

有序介孔材料与电化学传感器

胡　林　著

合肥工业大学出版社

图书在版编目(CIP)数据

有序介孔材料与电化学传感器/胡林著．—合肥：合肥工业大学出版社，2013.12
ISBN 978-7-5650-1740-7

Ⅰ．①有…　Ⅱ．①胡…　Ⅲ．①材料科学—应用—电化学—化学传感器—研究
Ⅳ．①TB3②TP212.2

中国版本图书馆CIP数据核字(2013)第315658号

有序介孔材料与电化学传感器

胡　林　著　　　　责任编辑　权　怡

出　版	合肥工业大学出版社	版　次	2013年12月第1版
地　址	合肥市屯溪路193号	印　次	2015年6月第2次印刷
邮　编	230009	开　本	787毫米×1092毫米　1/16
电　话	总　编　室：0551-62903038	印　张	10
	市场营销部：0551-62903198	字　数	201千字
网　址	www.hfutpress.com.cn	印　刷	安徽联众印务有限公司
E-mail	hfutpress@163.com	发　行	全国新华书店

ISBN 978-7-5650-1740-7　　　　定价：35.00元

内容简介

在以特异性强、灵敏度高、响应时间短为目标的高性能传感器的角逐中，有序介孔材料传感器以领跑者的形象赢得了越来越多的关注，并酝酿着一场前所未有的电化学分析技术变革。介孔材料是指孔径为 2～50nm 的多孔材料，其适中的孔径、独特的量子化学效应和远超出大孔材料的巨大表面积，赋予了其卓越的催化能力和优异的电化学特性。

本书为国内首部有关介孔材料应用于电化学传感器的专著，主要介绍了有序氧化硅介孔材料、碳介孔材料、二氧化钛介孔材料的合成方法与表征手段，在合成过程中所涉及的协同反应及自组装机理，介孔材料结构及孔径调控技术，介孔材料掺杂、负载及电极修饰对其电化学行为的影响，以及与介孔材料传感器相关的现代分析方法等内容。本书剖析了介孔材料传感器电化学直接检测、酶负载的介孔材料生化传感器检测、具有分离放大和高度特异性的酶联免疫-介孔材料传感器联合检测以及离子色谱-介孔材料传感器联合测定等全新电化学分析手段，展示了介孔材料传感器的最新研究成果及其在酶、蛋白质、DNA、核糖核酸、疾病标志物等生化检测领域发展的无限可能性。

本书可供大专院校、科研机构及高科技企业的相关科研人员参考，也可以作为电分析化学、生物化学、纳米材料、表面与催化等专业研究生课程教材或参考书。

目　　录

概 论

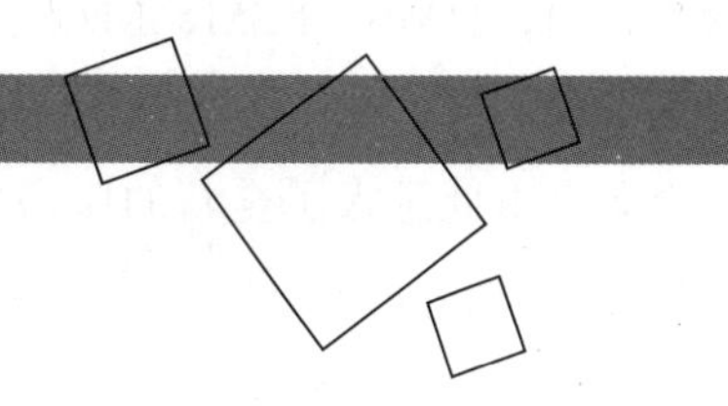

一辆汽车上的传感器超过100个，全球每年仅血糖电极片的销售额就超过50亿美元。传感器是一种集成了信号识别与信号转换的小型元器件，它如同现代社会的神经末梢，在感知并时刻调控着这个世界。作为现代工业、交通、环境、科研、军事、公共安全、生命科学与信息技术的基础元器件，传感器的市场需求量极大。其高技术、高附加值、高投资回报率的特点以及在高新技术产业链中的核心地位令几乎所有科技强国皆将其作为国家科技战略的重点领域大力扶持。我国传感器产业刚刚进入起步阶段，在质量和规模上与国际先进水平存在着代差。然而，我国材料特别是纳米材料的相关研究及从业人员超过10万人，研究成果处于国际前列。如果能将我国在材料方面的研究优势和人力资源优势转化为传感器领域的产业优势，就有可能最终打破欧、美、日对本行业的垄断，而近年来以介孔材料为基础的电化学传感器的迅速发展为我国赶超国际先进水平提供了一个稍纵即逝的机会。

电化学传感器结构简单、抗干扰能力强、分析简便、通常无需将待测物从混合物中分离即可测定。它的检测灵敏度高、响应时间短，可以做到实时检测与在线检测。因电化学传感器的输出值为电势、电流或电阻，检测信号可以方便地被传输、模数转换、处理、存储、显示并可准确快速的执行相应动作。该类传感器体积小、可靠性高、检测成本相对低廉，已成为各种环境污染物的监测，危险气体如 Cl_2、CO、H_2S、SO_2、NOx的预警，废水中COD、pH值等的测量以及酶、多肽、DNA、核苷酸、疾病标志物等生化检测的首选。

在以特异性强、重现性好、灵敏度高、响应时间短为目标的高性能传感器的角逐中，有序介孔材料传感器正以领跑者的形象赢得越来越多的关注，并酝酿着一场前所未有的电化学分析技术变革。

介孔材料是指孔径在2～50nm多孔材料，其适中的孔径、独特的量子化学效应和远超出大孔材料的巨大表面积赋予其卓越的催化能力和优异的电化学特性。最早有关有序介孔材料的描述出现在1969年的美国专利文献中，但由于缺少直接表征手段，发明者并没有意识到这类材料的重要意义。1992年，Mobil公司在Nature杂志上首次报道了一类硅铝酸盐有序介孔材M41S。该类材料孔径分布范围狭窄，介观结构有序，孔结构呈高度规整的正六边形阵列。此后，随着合成技术的不断创新和发展，运用不同的表面活性剂和不同的组装路线，人们合成了一系列的硅基和金属氧化物的有序介孔材料，如，HMS、FSM，MAS、JLU、MSU、SBA－n 及 Al_2O_3、WO_3、ZrO_2 等，它们在催化、光、电、磁、热、压电等性能上展示出与常规材料完全不同的特点，介孔材料研究由此进入了全新的阶段，成为跨化学、物理、材料、生物等多学科的热点研究领域之一。

MCM41、SBA－15 等硅氧介孔材料的骨架和孔道内壁存在大量的 Si—OH，通过吸附或交联可引入各种活性基团，从而在催化、吸附、分离、光催化、生物降解、药物缓释、污水处理以及电化学传感器等领域展现出广泛的应用前景，特别是以硅氧介孔材料为模板制备出了有序介孔碳（OMC），为电化学传感器的发展注入了新的活力。

有序介孔碳是一种介稳态的碳晶体。它有着高度有序的孔道结构，较大的孔容，巨大的比表面积，良好的化学稳定性，出色的负载与催化活性。与石墨相似，OMC 是优良的导体，呈生物惰性。如果酶或蛋白质被吸附在 OMC 的介孔中，它们将保持良好的稳定性及生物活性，这一切特性都给这种新颖的电极材料增添了迷人的魅力。合成 OMC 最简单常用的方法是硬模板法，它是一种基于主客体模板效应的合成方法，过程简述如下：(1) 以表面活性剂为结构导向剂合成有序介孔氧化硅模板；(2) 在介孔氧化硅中填充碳前驱体；(3) 高温碳化形成 OMC；(4) 用 NaOH 或 HF 去除氧化硅模板得到 OMC。有序介孔碳的结构与模板结构完全互补，模板的壁厚决定了 OMC 的孔径大小，通过调整介孔氧化硅壁厚可以获得不同孔径的 OMC，而交联和负载了不同活性物种的 OMC 为化学修饰电极提供了无穷无尽的组合和源源不断的灵感。

化学修饰电极通过共价键键合、吸附或高聚物涂层等方法，把功能性的化学基团修饰在由导体或半导体制作的电极表面，形成具有某种特定性质的新型电极。以化学修饰电极为核心技术的电化学传感器构筑了近代电极体系，为当前十分活跃的电化学及电分析化学的前沿领域。化学修饰电极的问世突破了电化学中只限于研究电极/电解液界面的传统范围，开创了从分子层面人为控制和设计电极表面的时代。化学修饰电极按人们的意愿被赋予不同的功能，并表现出特定的物理化学性质。传统修饰电极的基底材料主要为碳、半导体和贵金属。在基底材料中，用有序介孔碳取代石墨或玻碳电极进行电极修饰，不仅可以获得较高的析氢过电位，而且可以获得良好的导电性，优良的耐化学腐蚀性，光滑清洁的表面，较低的背景电流，较高的重现性以及较低的成本，还可以通过交联或吸附酶、蛋白质（如细胞色素 C、肌红色素等）及众多的生化分子形成电化学生物传感器，通过促进电极表面和氧化还原蛋白之间的电子转移直接在电极上完成氧化还原反应或直接进行生物化学测定。有序介孔碳还是良好载体，能以其介孔表面负载和分散氧化还原催化剂或电子传递物，从而制备出性能优异的电化学传感器。用介孔半导体或介孔贵金属代替传统的半导体和贵金属后，其介孔既可以通过选择性吸附或选择性扩散对参与的活性电极物质进行筛分，又可以在介孔这种微反应器中进行复杂的生化及化学反应，其催化与电化学特性的改善效果甚至出乎设计者的预料。在电化学传感器研究领域，介孔材料以其巨大的内表面积、神秘的量子效应、丰富多变的孔结构和高超的选择性为人们的想象力插上腾飞的翅膀，一次又一次地拓宽了人们的视野，成为电化学这门学科中研究参与者最多、成果最丰富、发展最为迅速的领域之一。

本书为国内首部有关介孔材料应用于电化学传感器的专著，主要内容为有序氧化硅介孔材料、碳介孔材料、二氧化钛等介孔材料的合成方法与表征手段，合成过程中所涉及的协同反应及自组装机理，介孔材料结构及孔径调控技术，介孔材料掺杂、负载及电极修饰对其电化学行为的影响，与介孔材料传感器相关的现代分析方法等。本书剖析了介孔材料传感器电化学直接检测、酶负载的介孔材料生化传感器检测、具有分离放大和高度特异性的酶联免疫-介孔材料传感器联合检测、离子色谱-介孔材料传感器联合测定等全新电化学分析手段，展示了介孔材料传感器在酶、蛋白质、DNA、核糖核酸、疾病标志物等生化检测领域发展的无限可能性。

本书既介绍了电化学传感器与介孔材料的基本概念、相关理论、应用范围、介孔材料传感器的优势与特点，又融汇了该研究领域国际、国内最新研究成果，展现了当今科技发展中各学科相互渗透、相互融合、共同进步的大趋势，揭示了材料科学、物理化学、生命科学、现代分析测试技术等多领域多学科交叉的魅力，为读者快速了解相关知识，迅速进入科研前沿开启了一扇机会之窗。

本书可供大专院校、科研机构及高科技企业的相关科研人员参考，也可以作为电分析化学、生物化学、纳米材料、表面与催化等专业研究生课程教材或参考书。

感谢（31160187）和（21163005）两项国家自然科学基金对本书的资助，感谢权怡副编审对本书的编辑和建议，感谢王娟、魏三春和王业贵在资料搜集与编写过程中的贡献。

第一章　有序介孔材料

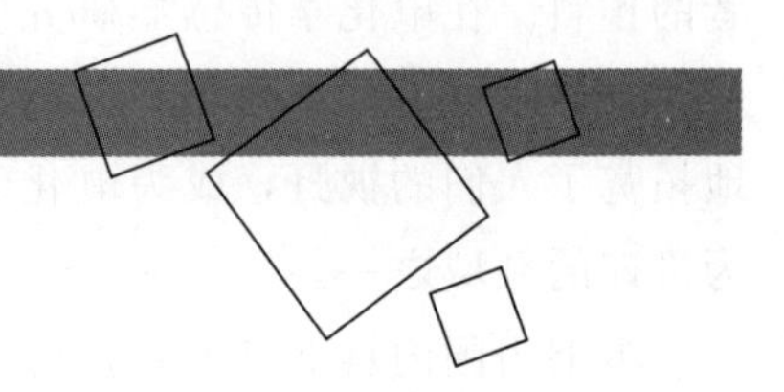

有序介孔材料为20世纪末发展起来的新型材料。该材料具有高度有序规则的孔道结构，孔径大小可调，有很高的比表面。根据国际纯粹和应用化学联合会（IUPAC）的定义[1]，根据多孔材料孔直径的大小它们可分为三类：孔径小于2nm的材料为微孔材料（microporous materials），代表材料有活性炭、硅钙石、沸石、分子筛等；孔径大于50nm的材料定义为大孔材料（macroporous materials），主要有多孔玻璃、水泥凝胶等；孔径介于2～50nm的材料为介孔材料（mesoporous materials），它包括无序的层状黏土以及有序的SBA－n系列等。

据文献记载，早在20世纪70年代人们就开始对介孔材料进行研究，还申请了多项专利[2]。但由于当时制备的介孔材料有序性比较差，其表征技术也远远没有像今天这样先进，介孔材料并没有引起研究者过多的关注。直到1992年，Mobil公司的科学家Kresge等[3]才以表面活性剂为模板剂，采用水热合成法真正合成出高度有序的M41S系列（包括MCM－41、MCM－48和MCM－50）氧化硅材料。这种氧化硅材料结构高度有序，其孔径大小均匀且在一定范围内可调，有较高强度和较大的比表面，这正是国际物理学家、化学家与材料学家苦苦寻觅的“梦之材料”。尽管它还没有大规模的生产，但人们已经意识到有序介孔材料在化学工业、信息技术、生物技术等领域的重要应用价值和巨大的发展潜力，深信它有可能成为21世纪纳米材料、信息技术和生物技术这三大支柱产业的突破口。

1.1　有序介孔材料的类别与形貌

1.1.1　介孔材料的类别

1. 按照化学组成分类

按照介孔材料不同的化学组成可以将其分为硅基介孔材料和非硅基介孔材料两大类[4]。硅基介孔材料（包括硅酸盐和硅铝酸盐等）是最早报道、研究较为成熟、应用广泛的介孔材料，因其独特的结构可以用作催化剂的载体、吸附介质和有机大分子的分离介质。非硅基介孔材料主要包括介孔碳材料、金属介孔材料以及过度金属氧化物、硫化物、磷酸盐以及高分子聚合物介孔材料等。近年来非硅基介孔材料的研究也取得了长足的进步，非硅材料一般有可变的化合价态，除了在吸附、分离及催化剂的载体等方面的应用外，还在光、电、磁、化学传感器等方面有着广泛的应用前景。如介孔钛材料在光催化领域应用广泛，在太阳能电池研究方面也开始崭露头角。然而，非硅基介孔材料也存在着一些普遍性的缺点，如热稳定性不够好，在高温脱模的过程中因容易坍塌而得不到预计的有序结构，容易造成孔径堵塞，比表面积和孔径较小，合成工艺还不够完备等，其合成工艺及应用研究还有待于进一步提高。

2. 按照介孔材料是否有序分类[5]

按照介孔材料是否有序，可以将其分为无序介孔材料和有序介孔材料。无序介孔材料的孔型和形状比较复杂，这里不予赘述。有序介孔材料的孔型有可分为 3 类：定向排列的柱形孔如图 1－1（a），MCM－41；三维规则排列的多面体孔，如图 1－1（b），MCM－48；平行排列的层状孔，如图 1－1（c），MCM－50。

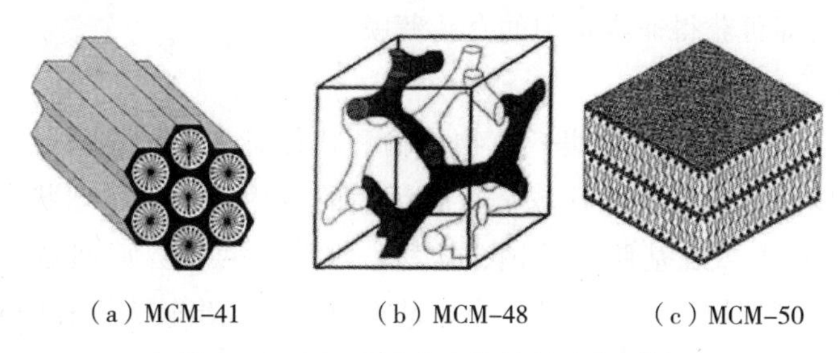

图 1－1　M41S 系列介孔材料示意图[6]

（M41S 系列介孔材料是由美国 Mobil 公司在 1992 年采用水热合成法得到的介孔材料，其中 MCM－41 为六方相，MCM－48 为立方相，MCM－50 为层状相。）

1.1.2　有序介孔材料的形貌

介孔材料可以有多种形貌，如管状、棒状、纤维状、层状等。介孔材料的孔壁为无定型结构，无机物与无机物之间存在着较弱的相互作用力，这使得介孔材料在合成过程中的宏观形貌调控成为可能。对于介孔材料的形貌调控，国内外研究者做了大量的工作，通过控制反应条件可以获得不同形貌的介孔材料，包括棒状、层状、纤维状、薄膜状等。不同形貌的介孔材料性质有一定差异，从而满足不同的应用需求，这也拓宽了介孔材料潜在的应用价值。Bjo rk EM[7] 等人通过调节空间参数来改变介孔二氧化硅的形貌，分别获得了棒状和片状介孔材料。他们认为，在以介孔材料制备的分子筛和药物的输送系统中，如何控制介孔二氧化硅粒子的孔隙大小和形态对材料的性能至关重要。在这项工作中，他们系统地研究了各种合成参数的影响，特别是氟离子对介孔材料形貌的影响，对于如何改变粒子形态有了更深地了解。他们发现了孤立粒子形态的 SBA－15。这类粒子有着不同寻常的短而宽的孔道，在不同浓度的 NH_4F 环境下其形状可以从棒状改变为片晶。在粒子的形成机制上作者认为，如果壁材物质从泡沫胶束转变成多层脂囊，最后转变成为圆柱状胶束，就可获得管状介孔材料。在这个系统中，氟离子的浓度强烈地影响着粒子的形成时间和它们之间的组合方式，从而改变了材料的形貌。

1. 介孔薄膜

薄膜一般有着显著的界面效应，新型功能性有序介孔薄膜的研究与合成在科学研究领域有着不可估量的价值。浸渍提拉法和旋转涂覆法是合成介孔薄膜最为重要的两种方法，它们能合成出包括光学薄膜、催化薄膜、化学传感器等一批具有较高应用价值的功能性有序介孔薄膜。浸渍提拉法[5]是将整个洗净的基板浸入预先制备好的溶胶中，然后匀速将基板平稳的从溶胶中拉出，在黏度和重力的作用下基板表面形成一层均匀的液膜。当溶剂迅速挥发后，基板表面的溶胶迅速凝胶化，从而在基片的表面形成一层介孔薄膜。旋转涂覆法是另一种常用的制膜方法。该方法可以在耐高温基底材料上涂膜，反应条件温和且容易控制。在高速旋转的离心力作用下，涂膜均匀地覆盖在基底上，干燥后即可获得非常均匀的介孔薄膜。

2. 介孔微球

介孔材料的空心球在药物包裹、药物传输和代谢、人工细胞设计、电化学、特殊催化剂组装设计以及色谱分离等领域都有着巨大的应用价值。微球状介孔材料主要是在有机-水（主要有十二烷基肌氨酸钠、盐酸、水等）两相界面间通过自组装生成产物。控制搅拌速度可调控微球的颗粒大小，甚至可以合成出较大孔径的介孔微球。

如图 1－2 所示，图 1－2（a）图所用的表面活性剂是十八烷基三甲基氯化铵（C_{18}TMACl），而图 1－2（b）图所用的表面活性剂是二十二烷基三甲基氯化铵（C_{22}TMACl）。从图中可以看出，因不同链段长度表面活性剂的分散性能差异，合成出的介孔微球的孔径大小也不一样。若与粉末形态的介孔分子筛相比，这种介孔微球易于分散，合成过程更加简单、便捷。

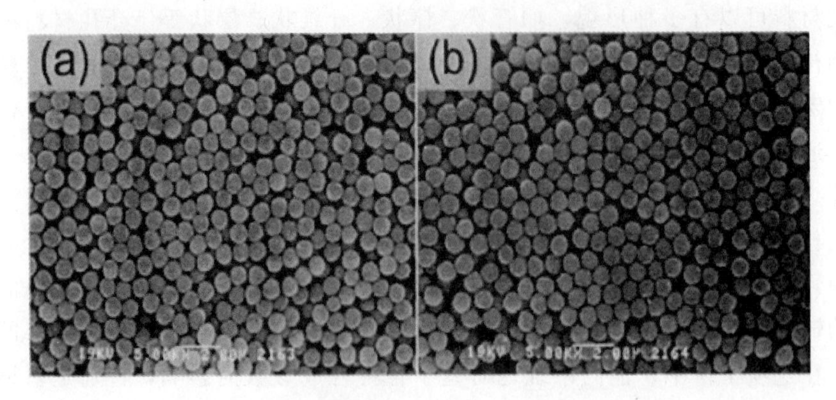

图 1－2　不同链段长度表面活性剂合成介孔氧化硅微球扫描电镜照片[8]

3. 介孔纤维

纤维状介孔材料为精细的近似一维结构，其吸附性和过滤性极好，孔隙度高。在电动汽车的兴起与发展过程中，超级电容器扮演了一个极其重要的角色。超级电容器一般为双电层结构，它能量密度高、使用寿命长，成为满足现代市场各种便携式电子器件和电动汽车需求的希望之星。如何发展集超薄、高储能、高功率、廉价、轻便及环保于一体的双电层电容器，引起了研究者们的极大兴趣，他们在寻找理想的电极材料方面不惜余力，而介孔碳纳米纤维材料恰好因为拥有高比电容、高储能的潜质成为人们竞相研究的对象。目前较为成功的介孔纤维制备方法是静电纺丝法[9]，这是一种独特的制备微、纳米纤维的技术。相比较气相沉积、激光气化沉积等合成方法，静电纺丝法具有工艺简单、环境友好、高效等的特点，它所得到的单根纤维直径一般在几十纳米到几微米之间，且直径可控、比表面积大。人们通过循环伏安法（CV）、恒电流充放电法（CD）和电化学阻抗法（EIS）对介孔碳纳米纤维电极进行了电容性能的研究，结果发现，介孔碳纳米纤维（MCFs）的比电容值（CSC）可轻松超过 10^5 F/g，这在传统材料中是不可想象的，因为它比传统材料高出 3 个数量级。同时，它在20A/g的高电流密度下，仍能保持很好的线性和对称性，经过稳定性测试后其比电容值仍保持在 99%左右，其阻抗满足快速充放电的要求，这为超级电容器电极材料的研究带来了勃勃生机。

1.1.3　有序介孔材料的合成方法

有序介孔材料的合成方法发展迅速，其基本方法一般需要水、无机源、表面活性剂、酸或者碱等物质。合成方法主要包括水热合成法、溶胶-凝胶法、蒸发诱导自组装法、微波合成法、相转变法和沉淀法等。现就应用最多的溶胶-凝胶法、水热合成法、蒸发诱导自组装法作一较详细的介绍。

1. 水热合成法

水热合成法是将一定量的表面活性剂、酸或者碱等物质加入水中组成混合溶液，然后慢慢地加入无机源，再将其置于反应釜中，并在高温高压条件下使其加速氧化、还原或水解进行自组装。等到其晶化后取出，经过滤、洗涤、干燥、煅烧除去有机物，保留无机骨架，从而得到多孔材料。其主要特点是：（1）在水溶液中离子混合的比较均匀；（2）具有非常大的解聚能力，反应速度快，能制备出多组分或单组分的超微晶体粉末；（3）离子能够比较容易地按照化学计量反应，在结晶过程中可把有害杂质排到溶液中，生成较高纯度的结晶粉末。万颖等[10]以 CTAB 和 CTAOH 为共模板合成出 MCM－41。这种方法在合成过程中就完成了调变改性，因而得到的是嵌入式的分子筛。

2. 溶胶-凝胶法

这是合成介孔材料最基本也是最常用的方法。它的通用步骤是以金属醇盐或者无机盐、有机硅等为前驱体，在液相中将这些原料均匀混合，低温下通过水解、缩合等化学反应形成溶胶，经陈化、胶粒间缓慢聚合形成三维空间网络结构的凝胶，再经过干燥及热处理等步骤控制其结构，从而得到所需的介孔材料。介孔材料在陈化过程中其孔径和空隙率都较大，但经过热处理过程后，其孔径和空隙率都有一定程度的缩小。溶胶-凝胶法根据所用模板的不同又可分为：表面活性剂模板、嵌段共聚物模板和有机小分子模板等，该方法反应过程易控制，可以在很短的时间内获得分子水平的均匀性，经过溶液反应步骤很容易均匀定量地掺入一些微量元素，实现均匀的掺杂，与固相反应相比仅需要较低的合成温度，反应容易进行，温度较低。相应的溶胶-凝胶法的合成设备简单、成本低廉，只要选择合适的条件就可以制备出多种新型介孔材料。

3. 蒸发诱导的自组装法

蒸发诱导的自组装反应（EISA）[11]是一种改进的溶胶-凝胶法，通常情况下用醇等有机溶剂作为反应溶剂，这样可以抑制金属离子的水解及其他副反应。随着反应溶剂的逐渐挥发，表面活性剂浓度增大，无机物则团聚在其周围并形成有序的聚集结构，在除去模板之后将会得到有序介孔材料。但需要注意的是，在无水介质引入的同时，相应地改变了材料合成时模板剂的浓度，并最终影响其介孔结构。

1.2 介孔硅材料

硅氧介孔材料兴起于20世纪90年代，它拥有非常大的比表面积、高度有序的孔道分布、可调控的孔径和高吸附容量，以及出众的热力学稳定性，因而被广泛应用于分离、催化、环境治理、药物释放以及其他的生物领域，特别是被有机试剂修饰后，它具有了不同的生化、物理、化学性质，从而展示出非凡的应用前景，成为一种极具开发价值的纳米材料。介孔材料是有序介孔材料中发展最早的一类，其合成方法、性能及应用研究也日趋成熟。

1.2.1 介孔硅材料的合成方法

介孔硅材料是最早发现的介孔材料之一。它的主要原料是硅酸盐，以离子表面活性剂为模板剂，在水溶液中通过化学反应生成高度有序、超大比表面积的多孔材料[12]。从硅材料首次报道到目前，介孔硅的合成方法主要有：溶胶-凝胶法、水热合成法、相转变法、模板法、沉淀法等，而我们重点介绍前三种比较成熟的方法。

1. 介孔硅材料的溶胶-凝胶合成法

溶胶-凝胶法是最早被用于合成M41S系列介孔材料的方法[13]。在搅拌条件下，将前驱体与表面活性剂在水溶液中形成混合溶液，让硅源直接水解形成溶胶，然后静置成型。最后再将溶胶洗涤、干燥、焙烧，除去有机成分，得到无机骨架，从而获得介孔硅材料。

在介孔硅材料中，提到最多的为 SBA－15——一种最廉价的有序介孔硅材料，其经典的合成方法如下：

取 4.0g 表面活性剂 P123，加入 120ml 的 2mol/L 盐酸中，置于 40℃水浴条件下搅拌，4h 之后，向溶液中加入 8.5g 的正硅酸乙酯（TEOS）。强力搅拌 5min 之后，在 40℃恒温水浴中静置 20h，得到的固体产物经洗涤、抽滤，在烘箱中以 100℃保持 24h，然后放入马弗炉中煅烧，以去除模板。煅烧的方式为 2h 升至 540℃接着保温 10h，可得到粉末状白色固体，此样品即为 SBA－15。

该方法与其他方法相比具有比较大的优点，如：

（1）原料首先被分散到溶剂中形成低黏度溶液，可以在很短的时间内获得分子水平的均匀性，在形成凝胶时，反应物之间能在分子水平上实现均匀混合。

（2）由于经过溶液反应步骤，因此很容易均匀、定量地掺入一些微量元素，如金属离子、有机碱等改性物质，实现分子级的均匀掺杂。如在上述 SBA－15 的合成中，在盐酸中加入四氯化钛，可以在氧化硅中插入钛原子，得到掺杂钛的 SBA－15；同样，如在盐酸中加入稀土金属离子，则可以获得稀土掺杂的 SBA－15。

（3）与固相反应相比，化学反应容易进行，仅需要较低的合成温度。一般认为，溶胶-凝胶体系扩散是在纳米范围内进行的，而固相反应是在微米范围内进行的，溶胶-凝胶合成反应条件易控制，可以通过改变温度、pH、反应物配比、搅拌速度等反应条件合成出不同形貌的介孔材料。当选择到合适的条件时，还可以制备出一些具有新颖结构的介孔材料。

不过该法也存在一些不足。首先，目前所使用的原料价格比较昂贵，且有机原料对身体健康有一定影响；其次，水分含量极高的凝胶在干燥过程中耗时较长，常需要几天或几周；其三，凝胶中存在着大量微孔，干燥时容易因气体逸出而塌陷，偶尔会有有机物发生缩聚，难以得到预期的产品。

2. 水热合成法

水热合成是指当温度为 100℃～1000℃、压力为 1MPa～1GPa 条件时，在水处于亚临界或超临界条件下，水中所溶物质之间发生的化合成。由于在水的亚临界或超临界下，各反应物处于分子水平，反应性高，水热反应可以代替某些高温固相反应，得到尺寸更加均匀、团聚度更小、纯度更高的产物。除此之外，水热法还有利于生成不同价态的特殊化合物，并能均匀地掺杂改性，从而改善介孔材料的性能。

3. 模板法

模板法主要包括软模板法和硬模板法。软模板法是相对于硬模板法提出的概念，主要包括双亲分子形成的各种有序聚合物（液晶、胶团等），利用表面活性剂分子与无机或有机分子间的非共价键作用，自发的形成热稳定性结构的过程。此方法严格上不属于独立的合成方法，通常与溶胶-凝胶或者水热合成组合。表面活性剂分子在一定浓度下能聚集形成不同形状和不同大小的胶束或胶囊团体，而硅源通过静电作用力可以附着在表面活性剂的表面聚合成型。相对于传统的由上而下的技术合成出不同形貌的介孔材料[14]，软模板一般很容易构筑，不需要复杂的设备，尽管该方法不能很好地控制材料的形状和尺寸，但由于其操作简单、成本低廉而受到广泛的关注。硬模板则是以介孔材料成品作为合成的另一种介孔材料，硬模板也称间接合成法。如利用介孔硅材料为硬模板合成介孔碳材料[15]，或者以介孔碳材料为硬模板合成介孔硅材料。

1.2.2 介孔硅材料的应用

纯氧化硅基介孔材料自身没有活性中心，这大大地限制了介孔硅材料在实际生产、生活中的应用。但介孔材料不仅具有超大的比表面积，还有可调控的孔径，最为关键的是该材料具有易于掺杂的无定型骨架和可修饰的内外表面。通过对材料本体或孔道表面进行掺杂或者修饰，便可以根据人们的需要制备出具有特殊性能的功能材料。为研究高效液相色谱固定相手性拆分，Pérez - Quintanilla D 等人[16]制备与表征了一种新型介孔硅材料手性固定相，他将纯介孔二氧化硅和红霉素以及万古霉素的衍生物通过乙烯桥键进行交联，使介孔有机硅产生功能化。结果显示，通过万古霉素改性的介孔硅材料具有更强的手性作用。介孔硅材料还广泛应用于吸附剂或者催化剂载体等，在环境污染治理以及有大分子参与的有机化学反应中有相当的应用潜力。

1. 催化

沸石分子筛的孔径通常在 2nm 以下，当在石油裂解等有大分子参与的催化反应中充当催化剂的载体时，因大分子进出沸石分子筛孔道比较困难，其催化效力不佳。与沸石分子筛相比，介孔分子筛孔径较大，在很大程度上克服了沸石分子筛的这一限制。介孔硅材料具有较大的比表面积，合适的孔径以及规整的孔道结构，这些特殊的结构为大分子或分子自由基的自由出入孔道创造了条件。大分子可以自由进入孔道，并在孔道表面被吸附。当表面反应结束后，分子脱附并自由离开孔道，相对于沸石分子筛显示出明显的优势，因此它常被用于催化剂和催化剂的载体。然而介孔氧化硅分子筛骨架酸性太弱限制了介孔氧化硅的应用范围，需要引入高分散性的杂原子或者其他粒子作为活性中心才能克服这一缺陷，从而用于酸碱催化、氧化还原催化和一些精细化工催化反应[17]。此外，在介孔的孔道表面上，分子更易在掺杂的活性中心富集，在一定程度上增加了活性中心处的反应物的浓度，有可能获得更好的催化活性和选择性[18]。

2. 生物领域

蛋白质、核酸、酶等大分子的尺度一般在 10nm 以下，在某些应用中，如在蛋白固定、生物检测和生物传感器中，会涉及尺度较大的生物分子，我们可以很好地利用介孔硅材料孔径大小可调这一特性，将酶以及蛋白质等生物大分子的固定和分离。因孔道内的固定酶活性往往与孔道外酶的活性不同，最大的挑战就是弄清楚固定过程是怎样影响酶的活性，从而设计出具有最优酶活性的固定相。Carlsson N[19]等人从物理化学的角度研究了介孔二氧化硅对酶的固定方式，检测到了固定化酶结构的改变和孔道内微环境的变化，还总结出材料性能与酶活性变化之间的相关性，通过比较固定和非固定的蛋白质浓度衰减及酶活性，并实时监控固定过程中的蛋白质浓度，证明了在介孔材料负载酶时，酶位于孔道内部。他们提出以孔道填充率（蛋白质所占的体积分数）为标准，可以在分子水平上定量表征酶的固定率，也可以依照方程通过固定前后的质量来计算孔道填充率。孔道填充率对于合理设计结构特征为酶负载在介孔材料上的生物催化剂有一定的理论指导作用。

3. 医药领域

（1）医学假体或植入物

因有充分的证据表明无毒且有良好的生物相容性，介孔二氧化硅被视为一类先进生物材料。人们特别看好介孔硅薄膜在医学假体或植入物方面的应用前景。Ehlert N等[20]介绍了用介孔硅制成的功能性植入材料的发展过程，并运用介孔硅薄膜这种新型的功能生物材料制备出了人工中耳。当中耳的听骨因为疾病或事故损坏时，可以使用人工中耳制成充气腔来收集并传输声音。但人工中耳在对声音的传输、优化、储存方面依然存在着各种挑战，如持续的细菌感染或者因为固定不充分都可能引起人工中耳的位移。为了提高听力，防止细菌的持续感染，他们将吸附了抗生素环丙沙星药物的介孔硅薄膜固定在仿中耳陶瓷上，抗生素环丙沙星可以缓释并持续地抑制细菌的生长，从而很好地解决了细菌感染问题。这个装置将局部药物释放系统与人工生物材料有机地结合起来，证明了介孔硅纳米材料作为假体组成的可能性。

（2）药物输送

2001年，介孔二氧化硅材料首次应用于药物传输系统。Vallet-RegíM等[21]发现，将非甾体抗炎药物布洛芬负载在MCM-41上后，布洛芬表现出很好的医疗效果，从而开辟了介孔硅材料在医药领域的应用研究先河。此后，更多的研究开始关注MSNs作为药物载体的可能性[22]。在细胞内给药的药物传输系统、细胞标记或成像等涉及微尺度的生物医药领域，对介孔材料的尺寸有比较严格的要求，而介孔氧化硅纳米粒子（MSNs）材料具有高的比表面积和比孔容积，颗粒尺寸超小，介孔孔道有序，因此可以在孔道内负载各种药物。因为MSNs具有通用及可调的孔径，它们能够加载不同分子量的物质，如蛋白质、酶以及其他药物分子，并被用于不同的亲水/疏水性、不同分子量的药物传递系统。Kamarudin N等[23]人对介孔二氧化硅纳米颗粒的晶体生长变化以及吸附和释放布洛芬过程进行了研究，在不同微波功率（100～450W）下合成介孔二氧化硅纳米颗粒（MSNs），XRD表明在最高的微波功率下，MSNs最易结晶且会出现显著的孔道结构，随着晶体生长的加快，改善了硅的六角秩序和范围，形成具有更大比表面积、孔隙宽度和孔隙体积的介孔二氧化硅纳米颗粒，对布洛芬表现出更高的吸附和释放性能。

(3) 癌症定向治疗

据相关统计，全球每年有1270万癌症新发病例，并有760万名患者因癌症而死亡。不管在发达国家还是在发展中国家，癌症都成为人们心中抹不去的痛和全球头号杀手。到目前为止，人们还未找到有效的方法来阻止癌症发生或根治癌症。近年来，纳米技术的发展为癌症的预防、诊断和治疗提供了全新的机会[24]。目前定向治疗癌症的技术瓶颈是要求在保护健康组织的同时，达到足够高的局部肿瘤药物浓度杀死癌细胞。纳米颗粒的性质决定了其药物传输系统的生物分布和代谢特点。如何改变纳米颗粒的表面特性，使其定向传输到癌细胞所在位置，成为纳米技术新的课题。

癌细胞的生理特点为过度表达叶酸和转铁蛋白受体。如果在纳米颗粒表面接上叶酸或者转铁蛋白的抗体，叶酸和转铁蛋白受体将会与携带抗体的纳米微粒紧密结合，就可以主动将纳米粒子传输到癌细胞周围[25]。针对更多的靶向设计往往需要在纳米表面积上修饰更复杂的特异性抗体、多肽、配体等，如果设计出一种有序介孔纳米颗粒，其颗粒的外表面修饰有特异性的抗体，其内部负载了抗癌药物，那么这种纳米颗粒既可以选择性地与癌细胞结合，同时隐藏在颗粒孔道中的药物又可以从纳米颗粒中渗出，从而直接选择性杀灭癌细胞。

1.3 介孔碳材料

介孔碳材料的发展较介孔硅稍晚，却对介孔材料的发展具有里程碑式的意义。介孔碳材料的主要制备途径是以介孔硅为硬模板，通过介孔硅制备介孔碳材料。介孔碳材料有着优异的结构性能，它有高达2500m^2/g的比表面积以及高达2.25cm^3/g的孔体积，有望在储氢材料、电极材料等方面发挥重要的作用。

1.3.1 介孔碳材料的合成

介孔碳材料的研究虽然晚于介孔硅材料，却是迄今为止在介孔材料中发展最成功、应用最广泛的材料之一。目前介孔碳材料主要的制备方法有催化活化法、聚合物混合炭化法、有机凝胶炭化法、模板法和自组装法。这几种方法各有千秋，前三种方法的不足之处在于其孔径分布较难控制，孔径不均一。模板法制得的介孔碳孔径分布集中，有规整而开放的孔结构，是公认的调变介孔碳材料的平均孔径及其分布的最为有效、最有潜力的一种合成方法。近几年来，随着研究的不断深入，自组装法制备介孔碳的方法也广受关注[26,27]。

1. 催化活化法

在制备介孔碳材料的众多方法中，催化活化法是较为常用的方法。该方法通常在碳材料中添加金属化合物组分以增加碳材料微孔中内表面活性点。活化时，金属原子对结晶性较高的碳原子选择性气化，使包裹在金属的纳米颗粒周围的碳基发生迁移，最终使微孔扩为介孔，或金属粒子周围的碳原子优先发生氧化作用，在碳材料中形成介孔[28,29]。此外，气化产物向材料表面逃逸时形成的孔道也将作为孔隙残留在最终的碳材料中。几乎所有的金属对碳都有催化活化作用，但是不同的活化剂对碳材料的催化活性也不同。各种类型的金属催化剂以及部分金属、非金属的氧化物及盐类，如铁、镍、钴、稀土金属、二氧化钛、硼、硼酸盐等，都曾被用于制备介孔碳，其中过渡金属对碳材料的催化活性高，特别有利于介孔的形成，其对应的合成方法有浸渍法、离子交换法、预混法等。

2. 有机凝胶炭化法

有机凝胶炭化法的关键是通过控制碳源在凝胶化前的结构，进而达到控制介孔碳材料孔径的目的。凝胶中纳米级胶体颗粒之间相互连接，形成了新型孔道尺寸的空间网络结构。因溶剂填充在结构空隙中，在采用超临界干燥等方法除去溶剂后，就得到了保留网络状结构的凝胶，再经过炭化就获得了介孔结构的碳材料。因超临界流体没有气液界面，不存在表面张力，在干燥过程中不会发生微孔的过度收缩，所得材料具有良好的导电性能与机械性能[30]。

3. 模板法[31]

经近十年的快速发展，用模板法合成新型介孔材料逐渐成熟。根据自身的特点和局限性，模板法可分为硬模板法和软模板法。硬模板是利用材料的内外表面为模板，填充到模板的单体进行反应，通过控制反应时间控制形貌，除去模板后可得到形貌各异的介孔碳材料。与软模板相比，硬模板能更加严格地控制材料的尺寸和大小，但硬模板也存在工艺复杂等缺点。

模板合成法制备介孔材料具有以下特点：所用模板易得，合成方法简单；能合成直径很小的管状材料；由于模孔孔径大小一致，制备出的材料同样具有孔径相同、单分散的结构；在模孔中形成的纳米管和纤维容易从模板中分离出来。模板法合成的OMC的结构正好与模板材料结构相反，因此模板材料的壁厚决定OMC的孔径大小，介孔碳材料的孔径一般在10nm以下。

如图1-3所示：目前模板法是合成介孔碳材料的主要方法，包括一步法和两步法，而在合成过程中两步法是运用得最多的方法。该图即为两步合成法，先合成硅基介孔材料，然后以硅基介孔材料为模板向其中注入碳前驱体，获得有机物/介孔硅材料，然后在经过高温炭化以及酸洗除去硅材料，从而获得高度有序的介孔碳材料。

碳前驱体的填充路径又有两种：液相浸渍和化学气相沉积。液相浸渍法是将碳前

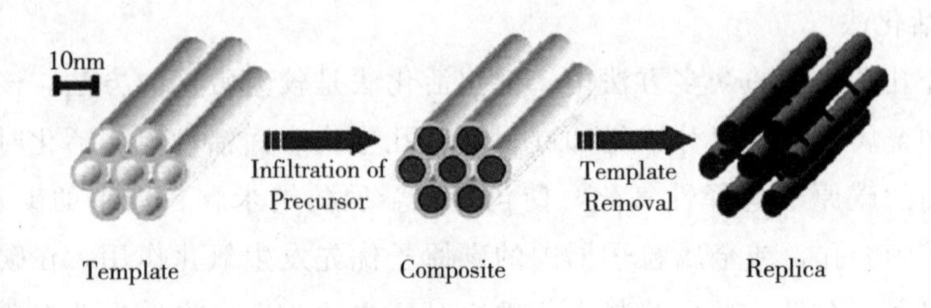

图 1-3 硬模板法合成有序大孔-介孔碳材料[32]

驱体（如蔗糖）以溶液的形式填充到模板的介孔中，然后通过炭化和酸处理脱去硅基模板从而获得 OMC 的方法。该法的碳前躯体依靠毛细作用渗入模板中，有时候导致介孔材料的孔道难以填满，这样在除模的过程中孔径易收缩导致孔径变小或坍塌。此外，它的合成工艺复杂，须反复进行浸渍-干燥处理，这显然需要长的合成周期，而且很难保证填充效率及重复性。化学气相沉积法[33]是一种或多种气体化合物通过高温下的化学反应而形成新的物质，并在惰性固体表面沉积析出的方法，它的特点是模板孔道中的碳量较易控制，填充效果比较好，能阻止微孔的形成。

4. 自组装法

自组装是在无人为干涉的条件下，组元通过共价键等作用自发结合成热力学稳定、结构确定、性能特殊的聚集体的过程。自组装法是利用有机超分子为模板剂，通过非共价键的相互作用使碳源与模板剂形成有机-有机自组装，进而制备出介孔碳，与氧化硅介孔材料为模板的硬模板线路相对应，因此这种方法又称为软模板法。与硬模板法相比，自组装法省去了合成有序介孔氧化硅为硬模板的步骤，不会像硬模板那样往往需要强酸、强碱等溶液脱模，使得在后处理中更加简单、便捷，缩短了合成周期。然而自组装法合成的介孔碳一般比表面积较小。

1.3.2 介孔碳材料的应用

介孔碳材料具有良好的导电性、较高比表面积和较大孔容、均一可调的孔径。丰富的颗粒外形、良好的水热稳定性和较高的化学惰性及耐腐蚀性。因为其独特的结构性能，在吸附有机大分子物质（如维生素），涉及大分子的领域如污水处理、化工产品和食品脱色、有大分子参与的催化剂载体等方面成为研究的热点。随着对介孔碳材料认识的不断深入，其在生物传感器电极、双层电容器电极、纳米微型反应器、燃料储存器、传感器、锂电池甚至作为药物载体等新型应用领域也发挥了至关重要的作用[34]。

如图 1-4 所示，介孔碳 CMK-5 和 CMK-3 是以 SBA-15 为模板，通过模板法合成，在介孔硅分子筛中加入碳源，在不同温度下合成而来的。通过图 1-4 我们可以观察到 CMK-5 和 CMK-3 的结构差异，其孔径大小的不同，从而表现出不同的性质和用途。

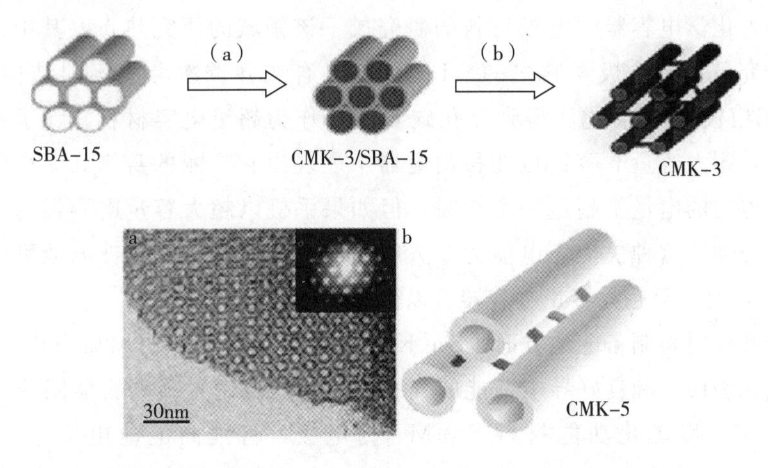

图 1-4　介孔碳 CMK-5 和 CMK-3 的结构示意图[35]

1. 介孔碳的吸附性能[36]

有序介孔碳材料具有高比表面积和吸附容量，是一种理想的吸附材料，人们常用来分离有机大分子包括蛋白质、核酸等生化物质。例如：过硫酸铵羧基化的有序六边形介孔碳材料有良好的蛋白质吸附性能，非常适用于酶、蛋白质等的固定和分离。大孔纳米笼型介孔炭 CKT 对溶解酶具有较 CMK-3 系列介孔碳更高的吸附量，有序介孔碳 CMK-1 及 CMK-3 对维生素 E 也有良好的吸附作用。

介孔碳在吸附液相中的有机污染物方面同样也显示出巨大的优势，普通活性炭的孔径很小，多为微孔（小于 2nm），液相中的大分子很难被吸附到微孔中去，这大大限制了普通活性炭对有机大分子的吸附。人们自然想到孔径大于普通活性炭的介孔碳材料是否可以承担这一重任，如 Kennedy 等[37]以稻壳为原料，采用磷酸为活化剂处理后制得介孔碳材料，可以有效地吸附苯酚。介孔碳材料也可用来作为良好的环境净化材料，用于有机物的降解、汽车尾气的净化等方面，从而对我国的节能环保事业产生积极的影响。

2. 介孔碳材料在超大容量电容器中的应用

超大容量电容器又称超级电容器，是一种介于电容器和电池之间的新型储能器件。作为一种新型的储能元件，与传统的电容器相比具有更高的比功率、可瞬间释放较大电流、充电时间短、充电效率高、循环使用寿命长、无记忆效应和更高的能量密度等优点，可以满足汽车在启动、加速、爬坡时的高功率要求。

当今社会随着经济的发展，人民生活大为改善，汽车保有量也急剧增加。然而，目前汽车的动力来源基本上是石油。据有关数据显示，按照目前的石油消耗量，石油将会在五十年后枯竭，汽车尾气带来的环境污染也日趋严重，近期的大范围雾霾天气已经给我们敲响了警钟，节能环保已成为新时期面临的重大挑战，可以预计，以后几年乃至几十年将迎来电动汽车的全面爆发。世界各国对电化学电容器的研究也十分的重视，作为电化学电容器的电极材料的研究成了该领域的研究热点，其中，介孔碳材料也成为研究最多的电极材料之一。Lu 和 Yan 合成并首次考察不同结构的介孔碳，Zhao 等人用模板-化学活化法得到介孔碳 SZMC 作为超级电容材料。除了在汽车工业的应用之外，超大容量电容器也在移动电器中展现出它亮丽的身影。一般情况下，充满手机中锂电池的电量要超过一个小时，但如果手机以超大容量电容器为电源，完全充满只要 2 分钟，这种快速充电能力令人叹为观止。同时，一只锂电池可以循环放电 1000 次左右，而一只超大容量电容器可以循环放电 10 万次。

在以介孔碳材料制备电池方面，See K 等人[38]利用介孔碳材料研究出 Li－S 系统，开发出了高比表面积和良好导电性能的介孔碳材料，当用过硫酸官能团花 MC 时将大大提高活化率。以硫化功能材料 S－MC 为电极，将提高电池电容量（高达 1675 (mA·h) /g）和出色的循环充放电能力，即 1g 电池的电容量就超过了苹果 iphone 4S 中电池的电容量，特别是观察到在高循环周期中放电量提高了 50%以上，这种优异的复合电极为电动车和可再生能源存储提供了诱人的前景。Kawase T 等[39]对在 CMK－1 中Li_2MnSiO_4纳米粒子的一种可充电锂电池的阴极组成进行了研究，通过对复合电极和没有复合电极硅酸盐锰锂粒子骨架的净充放电曲线比较，证实了大部分的纳米颗粒在 CMK－1 更易进行电化学反应：

$$Li_4MnSiO_4 \rightleftharpoons MnSiO_4 + 2Li^+ + 2e$$

3. 介孔碳材料在催化剂及载体应用

由于有序介孔碳具有较高的孔隙率、大比表面积、良好的电子导电性和较高的水热稳定性，正好满足催化剂载体的要求，因此当表面负载了金属纳米粒子（如 Pt、Pd）后，就成为良好的电极材料。有序介孔碳材料作为催化剂载体可以增大催化金属的分散性，进一步提高了催化金属与反应物的接触面积，提高反应活性。如分子水平的 Pd 原子簇分散于介孔碳壁上形成的催化剂对于合成醛具有较高的选择性。

4. 介孔碳材料在生物医学上的应用

以泡沫铝硅酸盐（AlMCF）为模板材料，然后控制好苯酚只在附孔中沉积合成出碳/AlMCF 的介孔材料，碱洗脱模，以蛋白质嵌入介孔碳材料，可制备生物传感器。

1.3.3 复合介孔碳材料的发展

1. 杂化介孔碳材料

(1) 硅杂化有序介孔碳

单纯的高分子骨架在高温处理过程中会产生严重的骨架收缩，导致得到的介孔碳材料的孔径、孔容和比表面积变小。如果在高分子体系中引入刚性的氧化硅，就可以有效地降低骨架的收缩。2006 年 Liu 等通过三元共组装一步法成功的合成了有序介孔高分子-氧化硅和碳-氧化硅杂化材料，获得了“钢筋-水泥混凝土”的骨架结构。近期，Wang J 等[40]研究了空间结构对有序介孔硅和介孔碳复合材料的电磁干扰屏蔽的影响。以介孔二氧化硅为硬模板合成有序介孔碳，采用纳米铸造结合热压准备 10wt%的 OMC/OMS/二氧化硅三元复合材料，研究设计和制备出高性能的高频电磁屏蔽材料，特别是在高温或者腐蚀环境中表现出更高的稳定性。

（2）钛基有序介孔碳

碳化钛是典型的过渡金属碳化物，它的键型是由离子键、共价键和金属键混合在同一晶体结构中，因此其有许多独特的性能，如高硬度、高熔点、耐磨性、良好的电子传递能力以及类金属的催化活性[41]。在无定型碳中掺杂 TiC 纳米晶体，能使导电性和机械性能完美地结合到一起。研究发现，通过一定方式合成得到的有序介孔结构的碳-氧化钛纳米复合材料具有较高的晶化程度、高热稳定性和高比表面积等优异性能。此外，若将具有光催化作用的锐钛矿和具有强吸附作用的介孔碳材料相结合，能有效光降解玫瑰红[42]。

1.4　介孔钛材料

1.4.1　二氧化钛及其光催化特性

二氧化钛是一种重要的无机化工原料，世界上的钛资源绝大部分被用于制造二氧化钛。二氧化钛有金红石和锐钛型两种晶型，后者多用于光触媒，能靠紫外线消毒及杀菌。锐钛型二氧化钛可由金红石用酸分解提取，或由四氯化钛水解得到。锐钛型二氧化钛可以作为光催化剂，因为其在空气净化、水处理、太阳能电池、纳米材料微反应器以及生物材料等方面表现出了广阔的应用前景而备受关注。

1.4.2　介孔钛材料的合成

介孔二氧化钛材料与其他介孔材料一样有着优越的特征和性能，因为其具有孔道结构高度有序、孔径大小易调、稳定性良好、表面易于改性等特点。同时加上二氧化钛在光催化等方面的特性，大大增强了介孔钛材料在光催化、光电转换等方面的功能，使介孔二氧化钛在污水处理、空气净化、太阳能电池以及纳米微反应器方面有着巨大的潜在价值。

自从 Mobile 等人用液晶模板机理首次合成出介孔材料以来，人们已成功地合成出多种相类似的硅氧化物介孔材料。但是人们在尝试用同样的方法制备非硅材料介孔二氧化钛时，结果却不是很理想。介孔钛材料由于合成时存在各种困难，一直难以合成。直到 1995 年，Antonelli 等人通过改进的溶胶-凝胶法，用异丙醇钛为前体，以磷酸烷基酯为表面活性剂，再加上以乙酰丙酮作络合剂来控制钛源的水解速度，首次合成了介孔钛分子筛。但这种合成方法也存在着一些缺点，它在加热脱模的过程中，很难完全除去模板剂，因此所得到的介孔钛材料含有其他杂质，影响了介孔材料的性能及应用。在随后的几年实验过程中，Antonelli 等利用长链烷基胺表面活性剂作为模板剂，成功地合成出纯的介孔钛材料。随着人们的不断努力和持续改进，介孔钛材料的合成日臻成熟，所涉合成方法主要有以下几种：

1. 溶胶-凝胶法（Sol - gel method）

从 Ying 等用改进的溶胶-凝胶法最早合成出纯介孔钛光催化剂以来，溶胶-凝胶法已成为最基本和应用最为普遍的介孔钛的合成方法[43]。若使用溶胶-凝胶法合成的介孔钛材料难以达到满意的效果，则可以通过调整模板剂的种类、pH 值以及温度等条件加以改进。研究结果表明，利用长链烷基伯胺为模板能够合成螺旋结构的介孔二氧化钛，孔径的大小随着模板碳原子数而呈非线性的增加，而这种结构有利于反应物到达反应中心，从而增强其催化活性。

溶胶-凝胶法合成介孔二氧化钛的优点是操作便捷，设备简单，反应物能够在短时间内达到分子水平的混合，且较易均匀定量地掺杂一些微量元素。但溶胶-凝胶法也存在所获介孔材料一般是无定型结构，在高温煅烧过程中容易引起孔径收缩，孔道坍塌的问题。

介孔二氧化钛的合成工艺流程如图 1 - 5 所示，它与其他介孔材料的合成相似，一般都需要有无机物种、表面活性剂、溶剂。其中无机物物种是形成介孔材料骨架元素的物质源，表面活性剂是形成介孔材料的结构导向剂，而溶剂一般情况下可以用蒸馏水。在溶液中，当反应结束后将得到有机-无机复合产物，经过洗涤、过滤、干燥煅烧等一系列程序，再经煅烧、除模、萃取等步骤得到所需的介孔材料，其中表面活性剂等对材料的形貌有较大影响，不同的表面活性剂将获得不同形貌的介孔材料，产物的结构与性能也有差异。

2. EISA 法

EISA 合成法是指将表面活性剂与无机前驱体加入溶剂中，组成稀溶液。然后加热，使稀溶液逐渐蒸发形成液晶相，此时无机前驱体附着在液晶相表面，组成无机-有机复合体，从而得到所需的介孔材料。使用该法可方便地制备介孔二氧化钛膜[45]。Herregods 等[46]研究了无机-有机复合体的早期低温稳定性与产物介孔钛材料的孔径分布之间的关联，他们通过控制蒸发诱导自组装的蒸发温度获得了具有良好结构的介孔钛材料。控制自组装过程中模板的热稳定性将更加精确控制空隙大小和均匀性。此外，还需要连续将受热模板移除以避免介孔结构坍塌。通过氮气吸附解析、TGA、TEM 等方法可以观测到产物的晶体生长和结构，阐明了热稳定性和热模板移除对最终孔隙结构的影响机理。

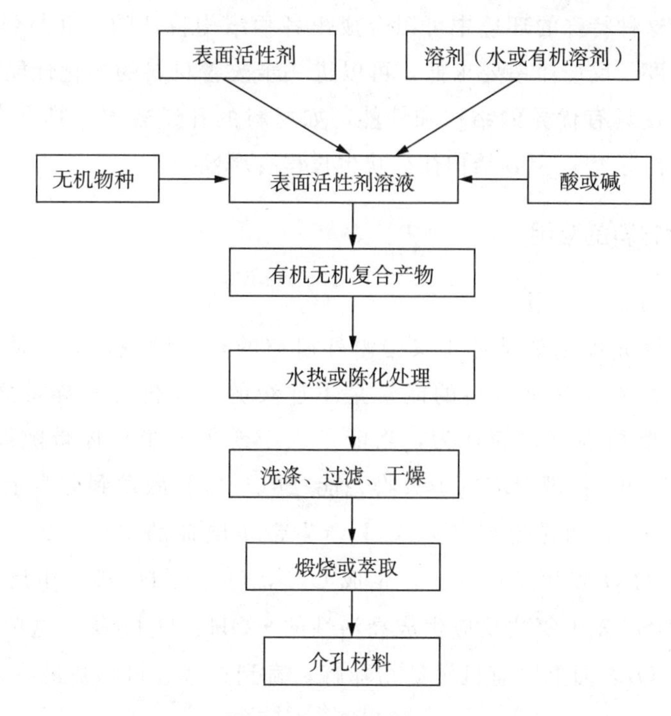

图 1-5 介孔二氧化钛的合成流程图[44]

3. 水热法（Hydrothermal method）

水热法也是介孔钛材料的主要合成方法之一。该方法克服了上述两种方法需要在一定温度下进行长达数天陈化处理的缺点，可以大幅度缩短反应时间。在水热合成反应过程中，均相成核及非均相成核机理与前述方法里固相反应中的扩散机制不同，后者可直接获得晶态样品，并能在后续的脱模过程中很好的避免因无定型向晶态转变而引起的孔道坍塌问题。但是水热合成法也存在着某些固有缺点，如因作为溶剂的水会随着温度升高成为气态，具有非常强的解聚能力，化学反应速度极快，难以控制钛前躯体的水解和聚合，从而不利于溶液中有机-无机物进行自组装，难以得到有规则结构的介孔材料，所获介孔钛材料孔道较为无序[45]。

4. 溶剂热法（Solvothermal method）

溶剂热合成法是水热反应的改进，不同之处在于所用的溶剂为有机溶剂而不是水。采用类似水热法合成原理，在溶剂热反应中，将一种或者几种前驱体溶解在非水溶剂中制备介孔钛材料。该方法的优点是在液相或者超临界条件下，反应物分散在溶剂中变得较为活泼，反应相对易控制，在某种意义上扩大了水热法的应用范围。

5. 超声化学法（Sonochemical method）

超声化学法是在超声波的强大应力作用下，液体中空化形成小泡，并生长、破裂，这时所释放出巨大能量可以提供一个高能量密度的反应环境，从而驱动化学反应进行的一种方法。在这种特殊的环境中可以合成出各种结构特征的介孔材料，同时能缩短反应时间，对温度、反应体系要求低，可以进一步改善材料的物化性能[47]。此方法合成的介孔二氧化钛具有优异的结构和性能，如材料的孔壁较厚，具有高温热稳定性，孔径均匀，分散性好[48]，但其结构往往缺少长程有序性。

1.4.3 介孔钛材料的应用

1. 在光催化方面的应用

纳米二氧化钛光催化剂是近年来国内外研究的热门领域，介孔钛材料中二氧化钛是n型半导体材料，这种材料的能带是不连续的，在价带和导带之间存在禁带。二氧化钛的光降解机理可以简述为，当能量大于或等于半导体带隙能的光波（hv）辐射至 TiO_2 时，TiO_2 价带上的电子吸收光能（hv）后被激发到导带上，使导带上产生激发态电子（e^-），而在价带（VB）上产生带正电荷的空穴（h^+）。e^- 与吸附在 TiO_2 颗粒表面上的 O_2 发生还原反应，生成 O_2^-，O_2^- 与 H^+ 进一步反应生成 H_2O_2，而 h^+ 与 H_2O、OH^- 发生氧化反应生成高活性的·OH、H_2O_2 等，这些强氧化性的物质可将吸附在 TiO_2 表面上的有机污染物降解，直到这些有机物被最终氧化成为 CO_2、H_2O 等物质。

该技术对脂肪烃、染料以及表面活性剂等物质有出色的光催化降解作用，它的优势为，降解反应在常温下进行且不会产生二次污染。Yang 等[49]对二氧化钛微球光催化去除六价铬和甲基橙进行了研究。他们通过一种灵巧的微波水热法制备出了微纳米二氧化钛微球。快速、均匀的微波加热可以将反应时间减少至 30 分钟，产物的孔径从 5nm 到 10nm，成为晶型良好的锐钛型纳米颗粒，其介孔结构比表面积高达 $124m^2/g$，可以同时光催化还原铬（VI）和光催化氧化甲基橙，二者表现出高度的光催化协同作用，同时提高了铬和甲基橙的去除效率，这种协同效应也适合其他的光催化体系。

2. 介孔二氧化钛抗菌剂的应用

超微细二氧化钛是一种无毒、无臭、热稳定性良好的无机材料，介孔二氧化钛是一种优良的抗菌剂，被广泛地应用于卫生日用品以及医用敷料和医用设备等耐用的消费品[50]。随着社会经济的发展，人民生活水平不断提高，人们也越来越注重生活卫生，抗菌剂的使用量也大大增加，使得介孔钛材料作为抗菌剂成为近年来研究的热门项目之一，美国和日本等发达国家在介孔钛材料杀菌方面已取得了重要突破。

3. 介孔钛材料在染料敏化太阳能电池方面的应用

随着工业化进程不断加快，能源危机以及环境问题成为我们所面临的最棘手问题之一，如何找到解决能源问题和环境问题合适的方法已经被提上议程。染料敏化太阳能电池作为一种新型的光电化学电池，是由纳米二氧化钛多孔薄膜、染料光敏化剂、电解质以及反电极组成[51]。汤珅等[52]人以 Ti（SO_4）$_2$为钛源，采用尿素辅助水热法合成了介孔 TiO_2微球，采用刮涂法，用所合成的介孔 TiO_2微球制备了染料敏化太阳能电池（DSSC）的光阳极，经模拟测试其光电效率明显高于商用 P25 纳晶所组装的电池光电转换效率。染料敏化太阳能电池对环境友好以及可制成大面积等优点，已经成为当前可再生能源研究领域的一个热点，未来将会有很好的应用前景。

1.5　其他介孔材料

1.5.1　复合介孔材料

从诞生到现在，介孔材料已经发展二十年有余，介孔材料的种类不断增多，性能也得到了不断完善，单一介孔材料所具有的拥有较大比表面积、孔道大小均匀、排列有序、孔径在 2～50nm 范围内连续可调等特性已经不能满足人们的需求，复合材料应运而生。

1. TiO_2－ZrO_2复合体材料

纳米二氧化钛具有无毒、低廉、易得光催化性能高等优点[53]，而纳米二氧化锆材料是唯一同时具有酸性和碱性表面中心和良好的离子交换性能的材料，是最有发展前途的催化剂载体之一。然而，纯的二氧化钛或二氧化锆纳米材料都存在比表面积小、热稳定性差及在催化过程中易发生相转化等缺点，其应用受到影响。与单一氧化物相比，氧化物复合体材料可以有效抑制相转化，人们自然地把目光投入到了 TiO_2－ZrO_2复合体材料上，引入二氧化锆不仅可以明显地缓解介孔钛材料的相转变问题，所得到的晶粒还明显小于单一二氧化钛的纳米粒子尺寸[54]。

介孔 TiO_2－ZrO_2复合体材料由于孔道尺寸的限制与界面耦合将产生小尺寸效应、量子尺寸效应等一系列特殊性能。这种新颖的材料有望将二氧化钛的光催化性能和超亲水性有机结合起来，从而拓展介孔钛材料在光催化性、亲水性以及自净化等领域的应用，还可能会延伸至未来更多未知的领域[6]。

2. TiO_2－SiO_2复合体材料

通过溶液-凝胶法制备的介孔钛材料的热稳定性不好，从而大大限制了它在高温下的应用范围，同时介孔钛材料在较宽温度范围内容易发生相转变而引起孔道的坍塌。提高它的热稳定性的普遍方法就是将其加入另一种无机氧化物，增加成核过程的活化能，或减少成核过程中活性中心的数量。如加入二氧化硅制成的介孔钛硅复合材料，一方面二氧化硅提供了较高的热稳定性和机械强度；另一方面二氧化钛提供了出色的光学性能和催化性能，因此可获更高的应用价值。

TiO_2－SiO_2复合体材料可应用在不同的领域[55]，如可用作不锈钢制品的保护层、光学玻璃的反射涂层，或者应用在具有极低热膨胀系数和高折射系数的玻璃制备过程中。Zhan C、Chen F 等[56]研究了可见光在硫酸化稀土掺杂的介孔二氧化钛和二氧化硅复合体材料中的光降解作用，他们以 P123 为模板剂通过溶胶-凝胶法制备出复合材料，运用 XRD、TEM 等检测手段观察到稀土掺杂的复合材料样本，发现复合材料大大提高了光催化活性和甲基橙的降解率，特别是降低了禁带宽度，使低能量的可见光也能参与光催化反应，其光催化活性增强可以归因于特定区域内较高的结晶度和较低的禁带宽度。

3. Ag－SiO_2复合材料[57]

介孔二氧化硅材料往往被用于催化剂的载体，而纳米银作为一种高效安全的抗菌型金属材料，对大肠杆菌、淋球菌等数十种致病微生物都有强烈的抑制和杀灭作用，几乎不产生耐药性。但是纳米银容易团聚，且难以分散并重复利用，这大大影响了它的抗菌活性。因此，对其改性和表面修饰成了纳米银颗粒未来研究的主要方向。如果以介孔硅为载体，纳米银掺杂其中制成一种新的负载型材料 Ag－SiO_2，在这种复合材料中，介孔硅则很好地发挥了它较大比表面积及水热稳定性良好等特性，而纳米银也充分展现了在抗菌、杀菌方面的潜能。该复合材料克服了单一材料的缺陷，在银的分布和重复利用方面有所突破。

4. ZrO_2－MMS 复合体材料

纳米 ZrO_2是同时具有酸性和碱性中心的一类材料，具有良好的离子交换功能，广泛地用于催化剂和催化剂载体。而介孔硅因为其特殊的孔道结构常被用于吸附剂等。随着经济的发展，环境污染日益严重，而磷酸盐污染可能会导致富营养的水生环境。为研究一种有效吸附磷酸盐的材料，Wang、Zhou 等人[58]对二氧化锆功能化的磁性介孔硅进行了研究，制备出磁性介孔二氧化硅（MMS）和 ZrO_2功能化的磁性介孔二氧化硅（ZrO_2－MMS）复合材料，并研究了该材料对磷酸盐的吸附性能。通过 XRD、电子显微镜、氮气脱附吸附等方法的表征，结果显示 MMS 是由粒径在 10～20nm 的磁铁矿和最几孔径在 2.0nm 的有序介孔 SiO_2组成。这种吸附剂在外加磁场下能很快分离和重新捕获。因为在 MMS 表面形成了 ZrO_2功能共价键，表面“嫁接”ZrO_2后能引起表面电动电势的增加，ZrO_2功能化将提高磷酸盐吸附的吸附率，其磷酸盐的吸附等温线用 Freundlich 模型能很好地描述。磷酸盐吸附动力学属于二级动力学，吸附速率随着初始浓度的降低而快速降低。此外，增加 pH 将会抑制磷酸盐吸附，随着离子强度的增加磷酸盐的吸附将会有少许增加。

5. 陶瓷介孔材料

陶瓷材料具有良好的强度、高的化学稳定性和热稳定性，是电气的不良导体，广泛地应用于国防工业、重工业以及高温环境。当前研究较为成熟的陶瓷介孔材料主要是碳化物、氮化物、碳氮硼化物等。主要合成方法是利用碳-硅材料为前驱体，通过高温碳热还原法或镁热还原制备而成。

1.5.3 高分子介孔材料

介孔氧化硅-聚合物功能复合材料[59]。介孔硅材料的孔道内含有丰富的硅羟基，可以按照人们的需要有目的的引入功能基团，使得介孔硅材料与功能性分子有机地组装在一起，从而制备出新型的功能性材料。Nayab 等人[60]制备了支化聚酰胺功能化的介孔二氧化硅，该复合材料是一种有效的水处理吸附剂。这种支化聚酰胺功能化介孔二氧化硅（MS－PEI）吸附剂是通过灵巧的“嫁接”方法制备而成的。作者通过研究吸附剂用量、pH 值、接触时间和温度，进一步比较了 MS－PEI 与 MS－APTES 对阴离子染料的吸附性能。热力学数据表明，MS－PEI 比单层硅烷介孔二氧化硅具有更高的吸收效率和能力。

与无机类介孔材料相似，骨架为有机物的介孔高分子材料的研究也越来越深入[61]。然而，在有序介孔高分子材料中，仅复合介孔氧化硅的应用稍微广泛些，非硅基介孔材料的稳定性差、难以合成、难以调变仍是大规模应用所需要突破的瓶颈。因为介孔高分子具有的特殊有机骨架结构，在微生物反应器、光电传感器等方面的前景被看好。

合成纯以有机高分子为骨架的有序介孔高分子材料的方法还在探索之中，所采取的方法主要还是“相分离”法，比如利用两嵌段的苯乙烯/乳酸共聚物（PS/PLA）进行自组装，再将聚乳酸降解，从而得到有孔隙的高分子材料。但是在降解聚乳酸打碎链段时，产生了很多结构缺陷，并对其性能产生了较大的影响。

合成介孔高分子材料还可以用硬模板法来实现。Goltner 等利用氧化介孔硅为模板，通过溶液浸渍法把高分子前驱体和引发剂扩散到氧化介孔硅的孔道中，在一定条件下，引发剂可以使孔道中的高分子前驱体进行聚合，得到高分子聚合物，脱模之后就会形成高分子介孔材料。从硬模板的合成过程来看，模板剂对高分子介孔材料的形貌影响很大，不同的模板剂将合成出不同的介孔材料。

如图 1－6 所示，采用有机-有机共组装合成法来合成介孔高分子及碳材料。第一步是将苯酚与甲醛聚合形成可溶性酚醛树脂的前驱体；第二步加入三嵌段聚合物 PEO－PPO－PEO 为表面活性剂，可溶性酚醛树脂与表面活性剂的水溶液相互作用而结合，其中三嵌段共聚物为软模板剂；第三步是加热使酚醛树脂进一步的聚合，形成具有孔道结构的高分子材料；第四步则是在低于 600℃的条件下煅烧脱模，得到介孔高分子材料。如果要制备介孔碳材料，只需在高于 600℃的情况下煅烧除模炭化即可得到介孔碳材料。通过共组装法得到的介孔高分子材料的结构有序性较差，可能是有机前驱体与表面活性剂的相互作用力较弱，导致聚合而成的高分子骨架与表面活性剂之间相容性较差，容易因相分离而破坏介孔材料的有序性。

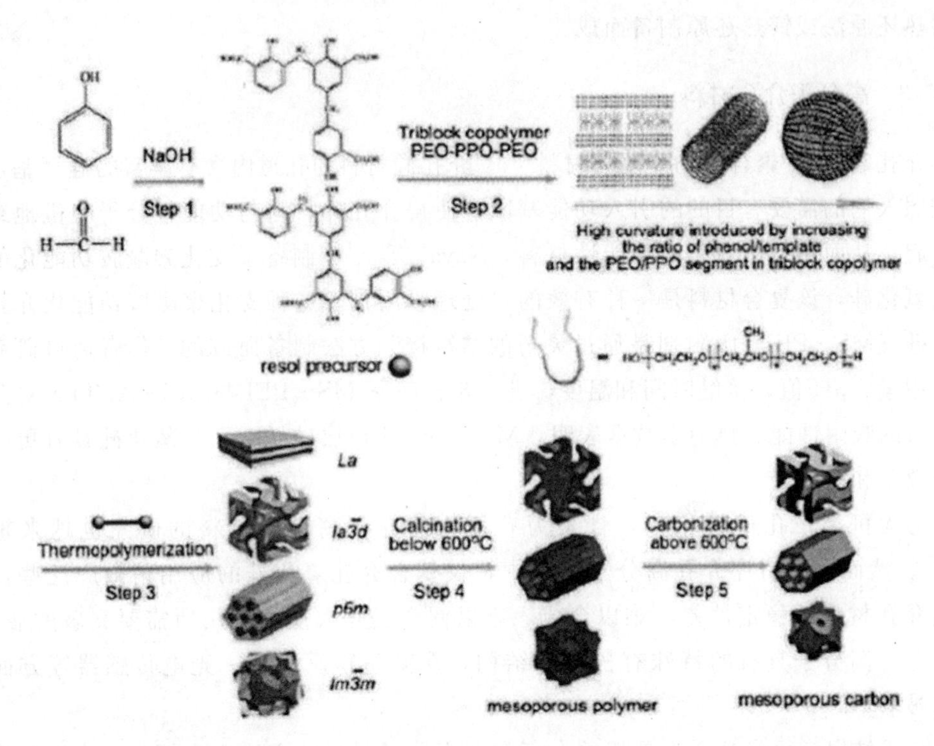

图 1-6　采用有机-有机共组装合成介孔高分子及碳材料[62]

1.6　介孔材料的表征

在研究过程中，每当合成出新的材料时，都需要通过一定的检测手段进行表征，以确定该材料的结构。有序介孔材料表征方法主要有 X 射线衍射分析、低温氮气吸附脱附、透射电镜分析、FT-IR 光谱、热重和差热分析、魔角旋转核磁共振、紫外可见光谱以及磁性测试等。

1.6.1　低温 N_2 吸附脱附

在多孔材料分析测试中，氮气吸附等温线测量法以及 BJH 孔分布计算方法非常实用，也是最具科学性和权威性的有关比表面及孔参数的测试方法。通过测量介孔二氧化硅的低温氮气吸附脱附曲线，可以计算出介孔二氧化硅的比表面积、孔径以及孔容等参数。

气体吸附法测定比表面积的原理是依据气体在固体表面的吸附特性，在一定的压力条件下，被测样品颗粒（吸附剂）表面在超低温下对气体分子（吸附质）具有可逆物理吸附作用，并对应一定压力存在确定的平衡吸附量。通过测定出该平衡吸附量，利用相应理论模型可以等效求出被测样品的比表面积。因为样品外表面不规则且占比率较小，尽管测定数据应该是颗粒内外表面积之和，我们依然忽略其外表面积，直接认定其为孔内比表面积。

根据 IUPAC 的分类，吸附平衡等温线有六种不同的类型，如图 1-7 所示。

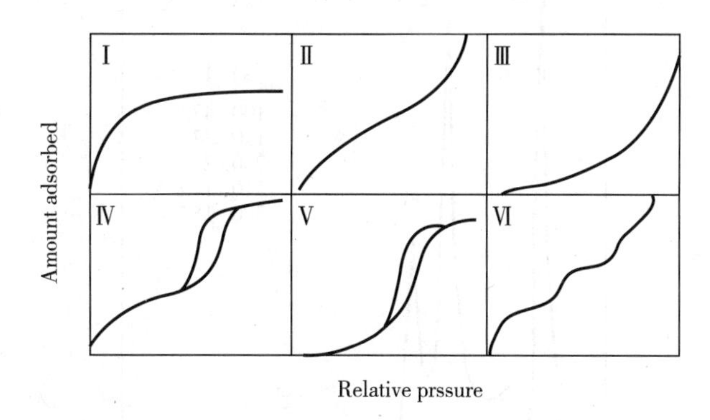

图 1-7　UPAC 吸附等温线的六种分类[63]

图 1-7 中Ⅰ型表示微孔吸附剂的吸附情况，吸附量先增加然后趋于稳定不变；II 型表示在大孔吸附剂上的吸附情况，且被吸附物质与吸附剂之间的相互作用较大；III 型也表示在大孔吸附剂上的吸附作用，且吸附物质与吸附剂存在较小的吸附作用力，从而吸附物质之间的相互作用力对吸附等温线有较大的影响；IV 型表示毛细凝结的单层吸附情况；V 型表示毛细凝结的多层吸附情况；IV 型中介孔材料呈现多个吸附平衡等温线。在较低的相对压力下发生的吸附主要是单分子层吸附；随着压力的升高将发生多层吸附；当压力足够高时，会发生毛细管凝聚，吸附等温线上将表现为一个突跃。介孔的孔径越大，发生毛细管凝聚所需的压力越高，更高的压力下将发生外表面吸附。

1.6.2　X 射线衍射分析

XRD 技术是表征介孔二氧化硅材料结构的重要方法，通过该方法我们可以了解到介孔材料的晶型以及微观结构。由于介孔阵列的周期常数处于纳米量级，因而其几个特征衍射峰都出现在低角度范围（2θ 角度为 0～10°），根据谱图上衍射峰的出峰位置、峰宽等，根据相应的面间距和布达拉格公式 $\lambda=2d_{hld}\sin\theta$ 来计算介孔材料的晶胞参数。例如典型的 MCM-41 的 XRD 谱图一般存在与孔道六方排列对应的特征峰（100），另外几个次级峰分别是（110）、（200）、（210）；而 MCM-48 则存在与立方排列对应的特征峰（211），以及一个特征肩峰（220）与其他几个次级峰（420）、（322）等。

如图 1-8 所示为 MCM-41 的 XRD 谱图，在 100、110、200、210、300 等处出现了 5 个低角衍射峰，在 100 处出现了峰型窄、强度高、结构对称的主衍射峰，说明该样品材料的晶型为六方排列，且孔道结构高度有序，结晶度高。此外其他几个低角衍射峰为次级峰，可进一步表征其晶体结构。

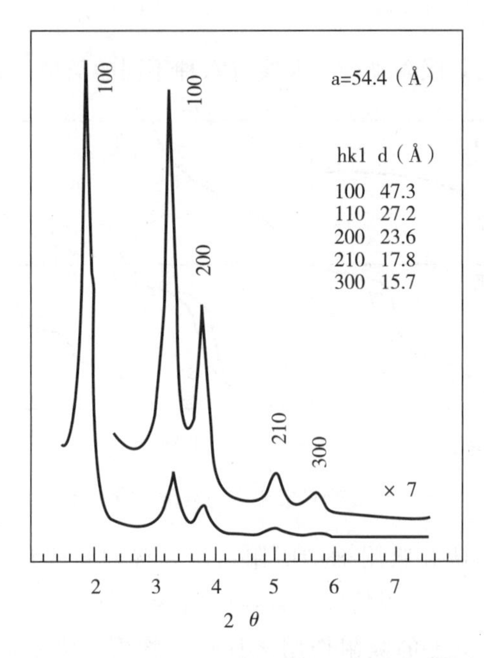

图 1－8 MCM－41 焙烧样品的 XRD 图谱[64]

1.6.3 透射电镜分析[65]

高分辨透射电镜成像原理与光学显微镜类似，TEM 在纳米颗粒形貌的测定上更有优势，是观察有序介孔材料最直接的手段。可直接观测粉末的形态、尺寸、粒径大小、粒径分布范围、分布状况等，因此透射电镜成为研究纳米材料微观结构的重要仪器之一，可以观察纳米材料的微观形貌和微观结构。借助电镜在放大倍数不太高的条件下可以直接观察到介孔孔道的排列状况，还能得到相应选区的电子衍射谱。

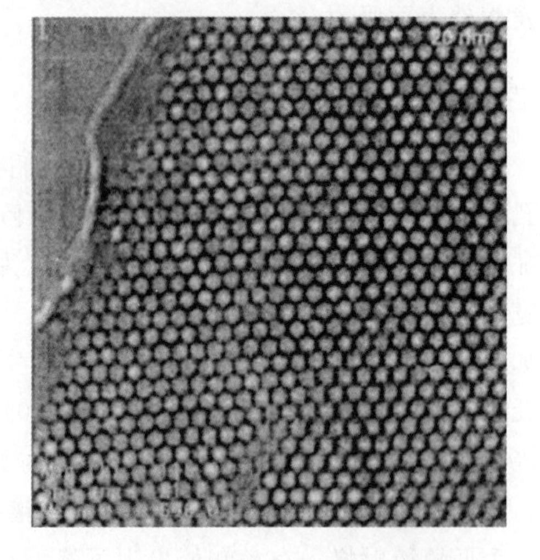

图 1－9 MCM－41 的 TEM 电镜图[66]

图 1－9 所示是 MCM－41 的透射电镜图，可以看出该介孔材料孔道结构排列高度规整有序、结晶度高且无明显的缺陷，晶型为六方相排列。

1.6.4 高分辨扫描电子显微镜（HRSEM）

高分辨扫描电子显微镜（HRSEM）测试方法简单，即将不同试验阶段的粉末状样品用导电胶粘在样品台上，真空镀金后观察并拍照分析。通过该方法可以很快了解到介孔材料晶体的形貌等特征。但它不能给出晶型缺陷、空间排列等结构是否有序结的信息，为了进一步地了解材料的有序性可以选用透射电镜。

1.6.5 X射线光电子能谱分析（XPS）

X射线光电子能谱分析（XPS）也被称作化学分析光电子能谱，是元素定性、半定量分析及元素化学价态分析的重要手段。XPS作为一种现代分析方法具有元素定性标示强、能够观测化学位移等优势，是一种高灵敏超微量表面分析技术，在介孔材料的表征中应用广泛。

1.6.6 紫外-可见分光光度分析

分子的紫外-可见吸收光谱是由于分子中的某些基团吸收了紫外可见辐射后发生跃迁而产生的吸收光谱。各种物质的分子、原子团的分子空间结构不同，只能吸收具有特定能量的光子，因此可根据吸收光谱上的特征波长以及吸光度实现物质的定性、定量测定。当某单色光通过溶液时，光强会被溶液吸收而减弱，且吸光度跟其浓度成一定的比例关系，这就是著名的朗伯-比尔定律。

1.6.7 差热-热重分析

热重法（TGA）是在程序控制温度的情况下，测量物质质量与温度关系的一种技术。当物质受热时，可能发生化学反应，其质量也随之发生改变，测定物质的质量随温度的改变过程而揭示该物质的结构信息。如果将TGA与DTA仪器连用会有更好的分析效果。在检测过程中一般采用程序升温来加热炉体，从而使托盘上的参比物和反应物温度升高，当试样发生相变时，将与参比物产生温差，并绘出相应温差曲线，进而反映出其物理化学性质。

1.7 有序介孔材料的发展与展望[67]

有序介孔材料在光催化、电容器电池、吸附材料等方面有着巨大的优势，Gérardin C等[68]提出了要以更加环保、生态的理念设计介孔二氧化硅的合成路线，不断优化介孔材料合成中的物理化学过程，在介孔材料的后续研究中，应考虑下列几方面内容：

（1）介孔材料已被广泛研究，其合成方法也日臻成熟，但不少合成法过于烦琐，成本较高，研究操作简单、便捷、成本低廉的合成方法依然是研究者追求的共同目标[69]。

(2) 介孔材料的微观结构依然蒙在神秘的面纱之中，需要开发出更为有效的表征手段，观测介孔材料精细的微观结构，以指导介孔材料的合成及大规模的生产。

(3) 更精确的介孔材料微观结构调控手段和调控机理依然在摸索之中，因现有合成方法所用模板剂的限制，所获介孔材料的形貌及孔径在某些方面还不能满足需要。准确阐明介孔材料的合成机理，对获得预期介孔材料至关重要。

(4) 掺杂改性与表面修饰将完全改观材料的物化性能，包括水热稳定性、无机孔壁强度、催化、吸附、降解、生理生化等性能。掺杂改性与表面修饰将为介孔材料发展带来勃勃生机，并源源不断地提供边缘突破甚至整体突破的动力。

(5) 复合功能材料的研究已有可喜的进展，复合介孔材料与高分子介孔材料的合成、表征与应用研究将是介孔材料新知识、新材料、新工艺的重要生长点。

生物医学工程与纳米技术是21世纪两大支柱产业，二者的交叉领域存在着无数的机会与挑战，介孔和大孔材料对生物科学如蛋白质固定分离、生物芯片、生物传感器、药物的包埋和控释等方面有着难以估量的价值[70]。介孔材料优异的结构性能和不可限量的潜在价值将推动相应科研、工业和商业的迅速发展，它在工业催化、光催化、生物材料、能源、环境方面的应用前景被广泛看好。

参考文献

[1] McGlashan ML. Manual of symbols and terminology for physicochemical quantities and units [J] . Pure and Applied Chemistry，1970，21 (1)：1-44.

[2] 王炎．介孔 TiO_2的模板法合成及结构修饰研究 [D] . Universit，2006.

[3] Beck J S KCT. A new faxmity of mesoporous molceular sieves prepared with liquid cyrstal templates [J] . J Am Chem Soc，1992，114 (27)：10834-10843.

[4] Kresge C，Leonowicz M，Roth W，Vartuli J，Beck J. Ordered mesoporous molecular sieves synthesized by a liquid－crystal template mechanism [J] . Nature，1992，359 (6397)：710-712.

[5] 乔文婷．介孔 TiO_2-SiO_2 材料的形貌调控及光催化性能研究[D] . Universit，2009.

[6] 刘克松．有序介观结构 TiO_2 及复合体的控制合成与性能研究[D] . Universit，2006.

[7] Bjo rk EM，So derlind F，Odén M. Tuning the shape of mesoporous silica particles by alterations in parameter space：from rods to platelets [J] . Langmuir：the ACS journal of surfaces and colloids，2013，29 (44)：13551-13561.

[8] 魏昊．介孔结构材料的控制合成及应用 [D] . Universit，2011.

[9] 王新威，胡祖明，潘婉莲，刘兆峰．电纺丝形成纤维的过程分析 [J] . 合成纤维工业，2004 (02)：1-3.

[10] 万颖，王正，马建新，等．以 CTMABr 和 CTMAOH 为共模板剂合成 MCM-41 [J] . 高等学校化学学报，2002，(6)：1135-1139.

[11] Li D，Zhou H，Honma I. Design and synthesis of self－ordered mesoporous nanocomposite through controlled in－situ crystallization [J] . Nature materials，2003，3 (1)：65-72.

[12] 蒲秋梅．功能介孔 SiO_2材料的制备及其对重金属离子的吸附性能研究 [D] Universit，2012.

[13] Monnier A，Schüth F，Huo Q，Kumar D，Margolese D，Maxwell R，et al. Cooperative formation of inorganic－organic interfaces in the synthesis of silicate mesostructures [J] . Science，1993，261 (5126)：1299-1303.

[14] 李斌，王剑华，郭玉忠，孔令彦．表面活性剂模板法制备介孔材料 [J] . 材料导报，2006 (S2)：36-39.

[15] 司维江，周晋，邢伟，禚淑萍．孔径渐变的有序介孔炭的合成及电化学应用 [J] . 无机化学学报，2010 (10)：1844-1850.

[16] Pérez—Quintanilla D, Morante—Zarcero S, Sierra IPreparation and characterization of mesoporous silicas modified with chiral selectors as stationary phase for high—performance liquid chromatography [J] . Journal of colloid and interface science, 2014, 414: 14 - 23.

[17] Taguchi A, Schüth F. Ordered mesoporous materials in catalysis [J] . Microporous and Mesoporous Materials, 2005, 77 (1): 1 - 45.

[18] Zhang F, Gu D, Yu T, Zhang F, Xie S, Zhang L, et al. Mesoporous carbon single — crystals from organic — organic self — assembly [J] . Journal of the American Chemical Society, 2007, 129 (25): 7746 - 7747.

[19] Carlsson N, Gustafsson H, Thörn C, Olsson L, Holmberg K, Åkerman B. Enzymes immobilized in mesoporous silica: A physical—chemical perspective [J] . Advances in colloid and interface science, 2013, 205: 339 - 360.

[20] Ehlert N, Mueller PP, Stieve M, Lenarz T, Behrens P. Mesoporous silica films as a novel biomaterial: applications in the middle ear [J] . Chemical Society Reviews, 2013, 42 (9): 3847 - 3861.

[21] Vallet—Regí M, Balas F, Arcos D. Mesoporous materials for drug delivery [J] . Angewandte Chemie International Edition, 2007, 46 (40): 7548 - 7558.

[22] Qu F, Zhu G, Lin H, Zhang W, Sun J, Li S, et al. A controlled release of ibuprofen by systematically tailoring the morphology of mesoporous silica materials [J] . Journal of Solid State Chemistry, 2006, 179 (7): 2027 - 2035.

[23] Kamarudin N, Jalil A, Triwahyono S, Artika V, Salleh N, Karim A, et al. Variation of the crystal growth of mesoporous silica nanoparticles and the evaluation to ibuprofen loading and release [J] . Journal of Colloid and Interface Science, 2014, 421: 6 - 13.

[24] Davis ME, Shin DM. Nanoparticle therapeutics: an emerging treatment modality for cancer [J] . Nature Reviews Drug Discovery, 2008, 7 (9): 771 - 782.

[25] Daniels TR, Delgado T, Helguera G, Penichet ML. The transferrin receptor part II: targeted delivery of therapeutic agents into cancer cells [J] . Clinical Immunology, 2006, 121 (2): 159 - 176.

[26] Liang C, Hong K, Guiochon GA, Mays JW, Dai S. Synthesis of a Large—Scale Highly Ordered Porous Carbon Film by Self — Assembly of Block Copolymers [J] . Angewandte Chemie International Edition, 2004, 43 (43): 5785 - 5789.

[27] Tanaka S, Nishiyama N, Egashira Y, Ueyama K. Synthesis of ordered mesoporous carbons with channel structure from an organic—organic nanocomposite [J] .

Chemical communications，2005（16）：2125－2127.

[28] Liang C，Hong K，Guiochon GA，Mays JW，Dai S. Synthesis of a large－scale highly ordered porous carbon film by self－assembly of block copolymers [J]. Angewandte Chemie，2004，43（43）：5785－5789.

[29] Yasuda H，Tamai H，Ikeuchi M，Kojima S. Extremely large mesoporous carbon fibers synthesized by the addition of rare earth metal complexes and their unique adsorption behaviors [J]. Advanced Materials，1997，9（1）：55－58.

[30] 文越华，曹高萍. 炭凝胶的研究进展 [J]. 炭素，2002（02）：32－37.

[31] 袁勋. 介孔炭材料的合成及其应用研究 [D]. Universit，2009.

[32] 薛欢欢. 酸碱功能化有序介孔碳材料的合成与应用 [D]. Universit，2011.

[33] 沈曾民，杨春澍，张凤翻. 韩国碳纤维及其复合材料考查报告 [J]. 新型碳材料，1993（01）：1－9.

[34] 郑金玉，丘坤元，危岩. 有机小分子模板法合成二氧化钛中孔材料 [J]. 高等学校化学学报，2000（04）：647－649.

[35] 罗劭娟. 有序介孔材料的制备及其应用研究 [D]. Universit，2010.

[36] 赵桂网. 有序介孔碳改性及其负载 Pt 催化剂的性能研究 [D] [硕士]：Universit，2008.

[37] Yang R，Qiu X，Zhang H，Li J，Zhu W，Wang Z，et al. Monodispersed hard carbon spherules as a catalyst support for the electrooxidation of methanol [J]. Carbon，2005，43（1）：11－16.

[38] See KA，Jun Y－S，Gerbec JA，Sprafke JK，Wudl F，Stucky GD，et al. Sulfur－Functionalized Mesoporous Carbons as Sulfur Hosts in Li－S Batteries：Increasing the Affinity of Polysulfide Intermediates to Enhance Performance [J]. ACS applied materials & interfaces，2014.

[39] Kawase T，Yoshitake H. A Li rechargeable battery cathode composed of Li_2MnSiO_4 nanoparticles in CMK－1 [J]. Journal of nanoscience and nanotechnology，2013，13（4）：2689－2695.

[40] Wang J，Zhou H，Zhuang J，Liu Q. Influence of spatial configurations on electromagnetic interference shielding of ordered mesoporous carbon/ordered mesoporous silica/silica composites [J]. Sci Rep，2013，3：3252.

[41] Hwu HH，Chen JG. Surface chemistry of transition metal carbides [J]. Chemical reviews，2005，105（1）：185－212.

[42] 冯翠苗. 杂化介孔碳分子筛的合成及应用 [D]. Universit，2008.

[43] 刘冀锴，安太成，曾祥英，李桂英，盛国英，傅家谟. 含钛介孔光催化剂的

制备研究进展 [J]. 材料导报，2007 (06)：124－129.

[44] 孙竹青. 有序 TiO_2 介孔材料的制备表征及应用 [D]. Universit，2007.

[45] 范晓星，于涛，邹志刚. 介孔 TiO_2 的材料合成及其在光催化领域的应用 [J]. 功能材料，2006 (01)：6－9.

[46] Herregods SJF，Mertens M，Van Havenbergh K，Van Tendeloo G，Cool P，Buekenhoudt A，et al. Controlling pore size and uniformity of mesoporous titania by early stage low temperature stabilization [J]. Journal of Colloid and Interface Science，2013，391：36－44.

[47] 周明华. 介孔二氧化钛光催化剂的制备、表征及性能研究 [D]. Universit，2006.

[48] 包南，马东，尚贞晓，孙剑，张锋，刘廷礼. 介孔纳米 TiO_2 的超声化学法合成及其表征 [J]. 环境化学，2005 (02)：150－152.

[49] Yang Y，Wang G，Deng Q，Ng DH，San C，Zhao H. Microwave－assisted fabrication of nanoparticulate TiO_2 microspheres for synergistic photocatalytic removal of Cr (VI) and methyl orange [J]. ACS Appl Mater Interfaces，2013，6 (4)：3008－3015.

[50] 祖庸，雷闫盈，李晓娥，王训，吴金龙. 纳米 TiO_2——一种新型的无机抗菌剂 [J]. 现代化工，1999 (08)：48－50.

[51] 吴季怀，郝三存，林建明，黄昀昉. 染料敏化 TiO_2 纳晶太阳能电池研究进展 [J]. 华侨大学学报（自然科学版），2003 (04)：335－344.

[52] 汤珅，黄妙良，商光禄，玉富达，王江丽，兰章，等. 介孔 TiO_2 微球水热法合成及在染料敏化太阳能电池中的应用 [J]. 功能材料，2012 (16)：2181－2186.

[53] Chang H，Huang PJ. Thermo－Raman studies on anatase and rutile [J]. Journal of Raman spectroscopy，1998，29 (2)：97－102.

[54] Li Y－L，Ishigaki T. Controlled one－step synthesis of nanocrystalline anatase and rutile TiO_2 powders by in－flight thermal plasma oxidation [J]. The Journal of Physical Chemistry B，2004，108 (40)：15536－15542.

[55] Rajesh Kumar S，Suresh C，Vasudevan AK，Suja N，Mukundan P，Warrier K. Phase transformation in sol－gel titania containing silica [J]. Materials Letters，1999，38 (3)：161－166.

[56] Zhan C，Chen F，Yang J，Dai D，Cao X，Zhong M. Visible light responsive sulfated rare earth doped TiO_2@fumed SiO_2 composites with mesoporosity：enhanced photocatalytic activity for methyl orange degradation [J]. J Hazard Mater，2014，267：88－97.

[57] 杨冲．介孔二氧化硅的制备及银的负载性研究 [D]．Universit，2010.

[58] Wang W，Zhou J，Wei D，Wan H，Zheng S，Xu Z，et al. ZrO_2－functionalized magnetic mesoporous SiO_2 as effective phosphate adsorbent [J]．J Colloid Interface Sci，2013，407：442－449.

[59] 孔祥涛．介孔氧化硅——聚合物功能复合材料的制备与性能研究 [D] [硕士]：Universit，2009.

[60] Nayab S，Farrukh A，Oluz Z，Tuncel E，San C，Tariq SR，ur Rahman H，et al. Design and fabrication of branched polyamine functionalized mesoporous silica：an efficient absorbent for water remediation [J]．ACS Appl Mater Interfaces，2011，6（6）：4408－4417.

[61] 王金秀．新型碳基介孔材料的控制合成及应用 [D]．Universit，2012.

[62] Wu D，Liang Y，Yang X，Zou C，Li Z，Lv G，et al. Preparation of activated ordered mesoporous carbons with a channel structure [J]．Langmuir：the ACS journal of surfaces and colloids，2008，24（7）：2967－2969.

[63] 许红涛．具有有序介孔的中空纳米 SiO_2 微粒的制备与性能研究[D]．Universit，2009.

[64] Kresge C T LMERWJ. Ordered mesoporous molecular sieves synthesized by a liquid crystal template mechanism [J]．1992.

[65] 胡智辉．合成负载氨基的介孔二氧化硅用于 CO_2/N_2 吸附分离[D]．Universit，2009.

[66] Beck J S VJCRWJ. A new family of mesoporous molecular sieves prepared with liquid crystal template [J]．1992.

[67] 田冬．有序介孔分子筛的合成、表征及其催化应用研究[D]．Universit，2009.

[68] Gérardin C，Reboul J，Bonne M，Lebeau B. Ecodesign of ordered mesoporous silica materials [J]．Chemical Society Reviews，2013，42（9）：4217－4255.

[69] Xu R－R，Pang W－Q，Yu J－H，Huo QS，Chen JS. Chemistry－Zeolites and Porous Materials [J]．Science，2004：15－65.

[70] 范杰，屠波，赵东元．介孔材料的形貌控制及其应用 [J]．上海化工，2001（17）：19－21.

第二章　有序介孔材料合成机理及介孔调控技术

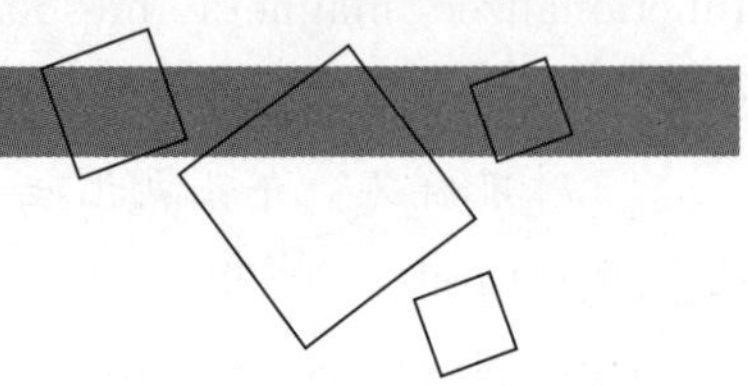

2.1　有序介孔材料合成机理

介孔材料合成后，人们提出了多种机理来解释介孔材料的形成过程，为合理设计合成路线提供理论基础。研究者根据各自特定的反应体系，通过 MAS、NMR、(CryO -) SEM、in situ - SANS、(CryO -) TEM、FT - IR、TG - DTA、Polarizing Microscope、EPR、in situ XRD、N_2吸附-脱附等温线等表征手段对介孔材料的形成机理进行广泛的研究。在纷繁的机理中，其共同点为，液中的表面活性剂引导着溶剂化的无机前驱体形成介孔结构。表面活性剂分子中存在着亲水基与疏水基，在溶液中，表面活性剂的亲水基团与亲水基团之间或者是疏水基团与疏水基团之间尽可能彼此远离，这使得溶液中的表面活性剂分子引导无机前驱体以自组装的方式聚集起来，以降低体系的总能量。

解释有序介孔材料合成过程机理的主要流派有液晶模板机理、广义液晶模板机理、电荷匹配机理、配位体辅助模板机理、协同共组装机理、静电作用模型、溶剂挥发诱导自组装机理、棒状自组装模型、层状折皱模型、有机-有机共组装机理和纳米浇铸机理。

2.1.1　液晶模板机理

1992 年 Kresge，Beck 等[1]首次用一步法合成了具有狭窄孔径分布和规则孔道结构的新型介孔分子筛 MCM41s 系列材料，并提出了典型的液晶模板机理。在液晶模板中，他们认为有双亲水基团的表面活性剂，在水中达到了一定浓度时会形成棒状胶束，并会规则排列为所谓的“液晶”结构，该结构憎水基头部向里头，带电的亲水基头部伸向水中，当有硅源物质加入到其中时，由于有静电作用，硅酸根阴离子就与表面活性剂阳离子结合在一起，并附在有机表面活性剂胶束的表面，形成有机圆柱体表面的无机墙，在溶液中两者一并沉淀下来。产物经过水洗、干燥、煅烧等过程除去其中的有机物质，便只留下了骨架状规则排列的硅酸盐网络，从而形成了 MCM - 41 类介孔材料[2-8]。Kresge、beck 等认为合成过程存在两种途径（如图 2-1 所示）。

从图 2-1 可知，途径①是在加入反应物之前表面活性剂液晶相结构就已经存在，但是为了保证液晶相的充分形成，需要在此反应体系中存有一定浓度的表面活性剂分子，而无机硅酸盐阴离子仅是用以平衡这些完全有序化的表面活性剂分子聚集体的电荷。途径②是在反应混合物中的硅酸盐物种影响表面活性剂胶粒形成预期液晶相结构的次序，表面活性剂仅是模板剂的一部分。硅酸盐阴离子的存在既可以平衡表面活性剂阳离子的电荷，又可以参与液晶相结构的形成和有序化结构的形成[9-15]。

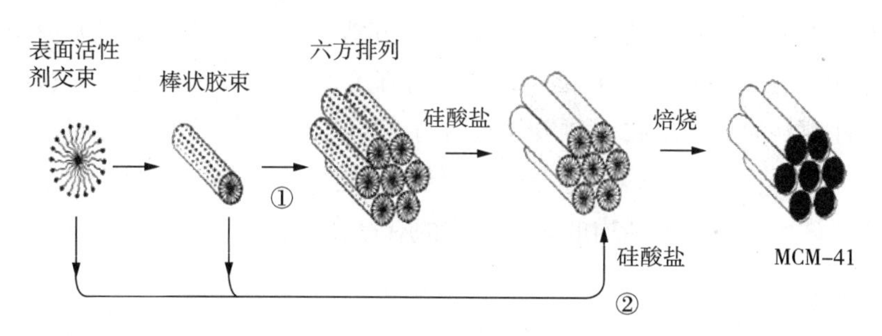

图 2-1　介孔材料形成机理

1—液晶模板机理，2—协同模板机理（图片来自文献 [16]）

随着对介孔材料研究的不断深入，液晶模板机理的适用性也受到了限制。人们发现液晶模板机理和一些实验结果显然不符合。由于表面活性剂在水溶液中要生成液晶相一般需要较高的浓度，如十六烷基三甲基溴化铵（CTAB）在浓度达 28wt.%以上时才可以生成六方相液晶，在 80wt.%以上才能生成立方相液晶，然而，在介孔材料合成过程中，表面活性剂浓度远低于在水溶液中生成液晶相结构所需要的表面活性剂浓度，甚至低于表面活性剂的临界胶束浓度。实际上，MCM-41 能在很低的表面活性剂浓度下被完美的合成，即便是合成立方相的 MCM-48 也不需要高浓度的表面活性剂。另外，在合成 MCM-41 过程中，当温度高于 170℃时，模板剂胶束一般不能稳定存在，但在此温度下 MCM-41 仍然可以被合成。另外，无论表面活性剂低于或高于自身浊点温度，体系都可以形成介孔结构[17,18]。除此之外，用在水相中无法形成胶束的短碳链表面活性剂作为模板剂仍可用于合成 MCM-41 以及类 MCM-41 材料。综上观点，液晶模板机理虽然可以在一定范围内解释某些实验结果，但不久便被更多的实验现象否定了。

2.1.2　广义液晶模板机理

Huo 等在 Kresge 等人所给出的液晶模板机理中的途径②的基础上，提出了更加合理的广义液晶模板机理，归纳出了 7 种不同类型的无机物与表面活性剂基团之间相互作用的方式，从而将液晶模板机理扩展到非硅组成的介孔材料的合成过程中。广义液晶模板机理认为：无机源与表面活性剂分子之间靠的是协同模板作用成核而形成液晶相结构，并进一步缩聚而形成介孔相的结构材料。协同模板的类型主要有三种：第一为靠静电力的相互作用的电荷匹配模板；第二是靠共价键的相互作用的配位体辅助模板；第三则是靠氢键相互作用的中性模板。以上三种模板方式在合成不同的非硅组成的介孔材料中表现有所不同[19,20]。

2.1.3 配位体辅助模板机理

1995 年 Antonelli 和 Ying 等人首次合成了具有稳定结构的过渡金属氧化物有序介孔材料，他们采用了溶胶-凝胶法合成了具有六方结构的介孔 TiO_2，此后又利用配位体辅助模板机理成功合成了 Nb_2O_5 和 Ta_2O_5 等有序介孔过渡金属氧化物，这些产物依靠中性表面活性剂（如长链烷胺）的亲水基团与 Nb 或 Ta 醇盐前驱体之间形成亲和力强的 N -金属共价键作用形成了稳定有序介孔结构。近年来，人们用配位体辅助模板机理成功的合成了许多具有稳定结构的非硅组成的有序介孔材料[21]。

2.1.4 电荷匹配

在上述液晶模板模型基础上，Mormier 等[22]提出了一种更为详细的介孔材料合成机理，它可以解释为什么尽管合成过程中表面活性剂的用量低于其棒状胶束浓度，但介孔结构仍然可以形成的原因。电荷匹配是指有机物与无机离子在界面处形成的电荷匹配。在介孔材料的合成过程中，离子之间的相互作用力占据了主要作用。当用带电的表面活性剂为模板剂时，表面活性剂的配位阳离子将首先与多电荷聚硅酸根离子发生离子交换作用。这些多配位的聚硅酸根离子能同时与多个表面活性剂的阳离子进行键合，从而屏蔽掉表面活性剂亲水基团之间的静电斥力，促使表面活性剂在比较低的浓度下形成棒状胶团，并按照六方堆积的方式进行排列，从而形成介孔结构[23,24]。

2.1.5 协同共组装机理

在电荷匹配机理中，表面活性剂和无机物种之间的相互作用或电荷间匹配是关键问题，在介孔材料的合成中起到了主导作用。Stucky G 等探索了不同有机-无机组合的可行性，提出更具有普遍适应性的合成原理，促进了介孔材料的合成体系发展和完善。Stucky 机理经过不断完善之后，能够解释不同的合成体系的实验结果，并能在一定程度上指导实践[25-27]。

如图 2 - 2 所示，层状中间相中较低聚合度且具有较高的电荷密度的硅酸根聚集体能够与表面活性剂分子之间发生相互作用。然而随着进一步聚合硅酸根聚集体，为了维持电荷密度平衡，聚合体的电荷密度会变得较低，以致硅氧层起皱以增大界面面积，进而匹配表面活性剂的电荷密度，使有机/无机层状中间相向六方结构方向转变。

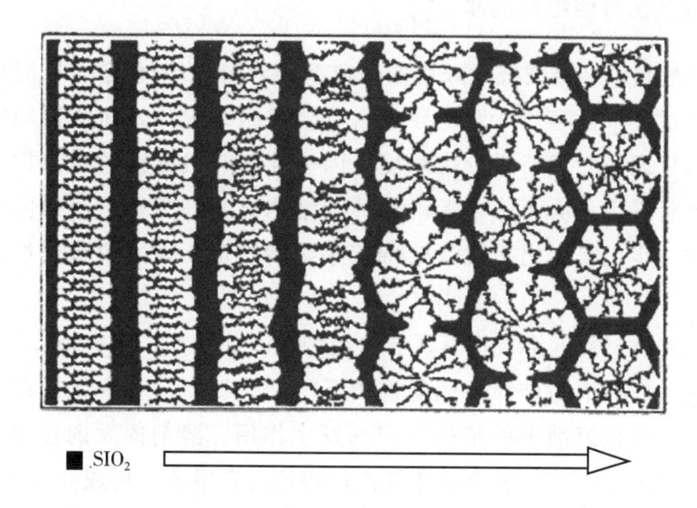

图 2-2　电荷密度匹配机理示意图，箭头表示反应方向[26]

Stucky 认为，无机物和有机物通过分子级别上协同作用，生成了三维有序排列结构。因硅酸盐阴离子和表面活性剂阳离子之间发生相互作用，使处于界面区域的硅酸根离子因发生聚合而改变了无机层的电荷密度分布，进而使得表面活性剂分子的长链憎水基团相互之间得以接近，即无机物种与有机物种之间的电荷匹配控制了表面活性剂的排列方式[28]。这种相互作用表现为胶束加速了无机物种的缩聚过程，而无机物种的缩聚反应对胶束形成类液晶相有序结构又有促进作用。胶束加速无机物种的缩聚过程主要是由于两相界面之间存在的如静电吸引力、氢键作用或配位键等相互作用，导致无机物种在界面的缩聚。反应的进行将改变无机层的电荷密度，整个无机物和有机物组成的复合相也随之而改变，协同组装出的介观结构最终被交联程度不断提高的无机骨架固定下来。协同共组装机理有助于解释介孔材料合成中的诸多实验现象，具有一定的普遍性，同时还适用于一些非硅介孔材料的合成，协同共组装机理因此被人们广泛接受。

值得一提的是，利用该机理，人们首次在酸性条件下实现了氧化硅介孔分子筛的合成，SBA-1、SBA-3、SBA-15、SBA-16 等都是 APM（acid－prepared mesostructures）等系列有序介孔材料[29-32]。

2.1.6　静电作用模型

Tanev 等认为可以通过胺盐表面活性剂的亲水基（SO）和水解了的 TEOS（IO）之间的氢键作用来形成介孔二氧化硅。由这种中性的模板合成路线得到的介孔硅酸盐比起 LCT 法得到的材料具有较厚的孔壁和较高的热稳定性的优点。利用这种机理可合成氧化硅、氧化铝、氧化钛等介孔材料。

2.1.7 溶剂挥发诱导自组装机理

溶剂挥发诱导自组装合成技术采用的是典型的溶胶-凝胶化学，同时也引入了表面活性剂的自组装过程。在溶剂挥发诱导自组装合成路线中，表面活性剂的起始浓度一般都会很低，而且远远低于临界胶束浓度。因为伴随有机溶剂的迅速挥发，表面活性剂的浓度就会不断提高，从而诱导无机物种和结构导向剂分子之间协同组装，形成有序介观结构。进一步交联固化无机骨架将有序结构固定下来，脱除模板后即得到介孔材料。

合成氧化硅介孔材料的溶剂挥发诱导自组装机理如图 2 - 3 中所示。在有机溶剂中，有微量酸的催化的条件下，硅源在较低温度下（25～70℃）和少量水存在下进行预水解反应，再与溶于有机溶剂中的结构导向剂发生作用。溶剂挥发的过程中，硅物种会进一步发生交联和聚合，并与表面活性剂进行快速的自组装，形成介观结构。

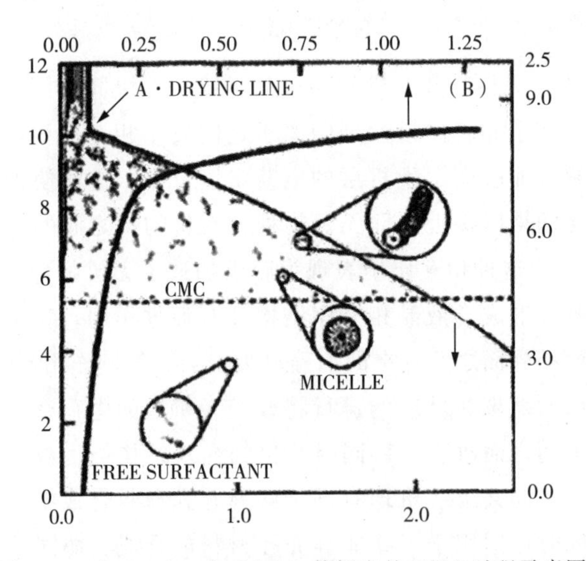

图 2 - 3　由 Sanehez 和 Brinker 等提出的 EISA 过程示意图

Sanchez 等以大量的原位测试技术等手段，如原位- FT - IR，同步辐射- SAXS 等等，利用溶剂挥发诱导自组装技术来合成介孔材料[34]。Sanchez 等观察到有序结构材料是在溶剂挥发的最后阶段开始形成，无机前驱物聚集状态的变化控制了合成过程。为最终形成高度有序的介观结构材料，要求无机物种在刚开始和有机结构导向剂之间的组装为低聚合度，让组装形成的有机-无机复合骨架有足够的可塑性。有序介观结构一旦形成后，无机骨架便会逐渐发生交联与固化，介观结构也就被“固定”下来了。另外还可以通过后处理技术来使无机骨架变得更加“刚性”，如以焙烧等处理方法得到刚性有序的介孔材料。实验发现，一些经常容易被忽略的具体因素，如挥发温度、反应体系中水的含量、空气湿度等可显著影响材料的有序性。

溶剂挥发诱导自组装技术除了可以有效合成氧化硅介孔材料，还可用于合成金属氧化物等非硅基介孔材料。合成的第一步是将无机前驱物（如：金属卤化物或相应的乙酸盐）溶于一定的乙醇溶液中，经过溶剂溶解与水解，再将嵌段共聚物作结构导向剂加入其中，再在一定湿度与温度下把溶剂彻底地挥发至干，可得到各种组成的介观结构材料[35]。

2.1.8　棒状自组装模型

Davis 等[36]运用 NMR 检测发现，在 MCM－41 的合成过程中并没有六方液晶相结构的形成。Davis 等认为，根据 Mobil 公司报道[37]的合成条件，如图 2－4 所示，合成的第一步是形成棒状胶束，然后两或三层的硅酸盐前驱体沉积到单个的表面活性剂棒状胶束上，这些棒状复合物将进行随机地排列，堆积成六方的晶状介观结构，再以加热老化的方式促进硅酸盐的缩聚反应。

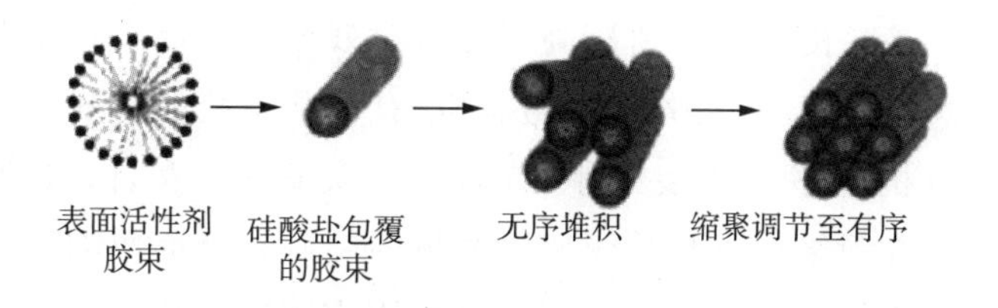

图 2－4　Davis 所提出的棒状自组装机理[36]

然而，在溶液中，由于难以形成比较长的棒状胶束，故用棒状自组装模型机理解释孔道的长程有序性与层状相和立方相介孔结构的形成机理就显得比较苍白。

2.1.9　层状折皱模型

Steel 等提出层状折皱模型：在反应溶液中加入硅源物质，它能溶解在表面活性剂胶束周围的多水区域，促进其作六方结构的排列。当表面活性剂和硅酸根离子之间的比例较高时，硅酸根离子开始在表面活性剂六方相之间排列成层状夹。之后层状的硅酸根离子开始发生折皱作用，直至逐渐形成六方相并被其包裹而形成有机-无机复合的六方晶状介孔结构材料；而当反应溶液中表面活性剂和硅酸根离子的比例较低时，在此状态下的硅酸根离子层较厚，产生折皱比较困难，最终产物将是层状介孔结构。

2.1.10　有机-有机共组装机理

运用有机-有机共组装法来合成碳介孔材料与高分子是发展介孔材料合成的新兴领域。骨架材料常选用酚醛树脂类材料。合成方法一般有两种：其一，溶剂挥发诱导自组装；其二，水溶液法。相比较于传统的无机介孔材料的合成过程，有机-有机共组装具有鲜明的特点。有机-有机共组装前驱物可选用低分子量可溶性甲阶酚醛树脂，模板用聚醚类三嵌段共聚物，合成介孔酚醛树脂和碳的过程一般可以分为五个基本步骤：

第一步：制备甲阶酚醛树脂预聚体。甲醛和苯酚的水溶液在碱催化条件下聚合成低分子量 Mw<500 的低聚物，这种低聚物中含有的羟基数量巨大，完全能和聚醚类嵌段共聚物而形成较强的氢键相互作用。

第二步：结构导向剂的乙醇溶液和甲阶酚醛树脂的乙醇溶液之间相混合，结构导向剂的 PEO 亲水链和酚醛树脂预聚体之间以氢键相互作用而形成有机-有机复合物。由于溶剂的逐渐挥发，复合物形成具有一定介观结构的液晶相。

第三步：在加热的条件下酚醛树脂预聚体发生缩聚反应，慢慢地转化成不熔的丙阶酚醛树脂，把介观结构“固定”下来。

第四步：模板剂的脱除。模板剂与酚醛树脂骨架的化学稳定性及热稳定性的不同，在惰性气体保护下，在低于 600℃ 的条件下煅烧除掉模板剂，得到介孔结构的高分子材料。

第五步：骨架转换。由于酚醛树脂高温热解时残碳率很高，可以在高温下热处理得到碳骨架介孔材料。无机-有机共组装与有机-有机共组装的溶剂挥发诱导自组装过程区别主要在于：有机-有机共组装将骨架前驱体的交联聚合和自组装形成介观结构的过程合理地分开了，介观结构组装受骨架前驱体的交联聚合的影响降到最低。在后续的热处理过程中，介观结构一旦形成就很容易被固定下来。从目前实验结果来看，溶液相的有机-有机共组装过程可能经历了一个有机-有机复合胶束单元的层层组装过程。酚醛树脂预聚物先以氢键相互作用与模板剂在水溶液中胶束组装形成有机-有机复合胶束，胶束和前驱体胶束间的逐渐交联聚合，其溶解性发生变化，在溶液中成核。溶液中游离的复合胶束逐渐传输到“晶核”表面，通过逐层生长来降低表面能。这一过程溶液的搅拌速度、反应温度、pH 值等对介孔材料的性能均有较大影响。

2.1.11 纳米浇铸机理

从几何反相复制原理的角度来看，纳米浇铸与工业上的机械复制颇为相似。纳米浇铸所使用的模板孔道尺寸在纳米尺度，传统的机械填充方法不再适用。在纳米浇铸的过程中，目标材料前驱体一般以毛细作用进入到模板的介孔孔道内。纳米浇铸对前驱物的选择要求为：与模板具有一定的亲和性，必须在孔道内能经过处理后原位转化为目标物质，不能发生汽化逃逸过程。

纳米浇铸所使用的前驱物应满足如下要求：第一，前驱物应是可液化的物质（前驱物本身是液体），加热可以溶解在溶剂中或者可熔化。一般将前驱物溶解在溶剂中来填充，因为常温状态下为固态且加热后可熔化为稳定液态的前驱物较少。前驱物由毛细作用力引入到模板的孔道内。伴随着溶剂的挥发，前驱物被装载在模板孔道内。也曾有少量的有关气态前驱物的报道，气态前驱物以化学气相沉积的方式而进入到模板孔道，但气态沉积的随机性致使孔道很容易被堵塞，通常难以得到高质量的介孔材料。纳米浇铸的前驱物第二个要求是，前驱物能原位转化为目标产物而不发生汽化逃逸。一般要求以热分解的方式直接将前驱物转变为目标物质（如加热金属硝酸盐分解得到金属氧化物），加热各种有机前驱物裂解可以得到碳材料等。另外在纳米浇铸的过程中，要考虑前驱物转化为目标产物时的体积变化。当转化后产物的体积收缩过大时，不大可能得到高质量的目标材料。此时应考虑选用体积收缩较小的材料作为前驱物或者多次填充。第三，必须选择相应结构的材料作为模板合成预期介观结构的材料，对模板材料的孔道连通性、结构等加以控制与选择。因并非所有的介孔模板都具有三维连通的孔道结构，故反相复制出来的介孔材料也不一定完全保持母板的介观结构互补。SBA-3、MCM-41 与低温水热的 SBA-15 等均为一维的孔道结构，反相得到的材料多为纳米结构。当对 SBA-15 材料进行温度大于 100℃ 水热处理或者使用微波消解方法来脱除 MCM-41 表面活性剂模板时，得到的氧化硅模板孔壁上具有次级孔道。将主孔道联结成三维网络结构，以其为模板而得到的材料能够很好地保持母板的介观结构。另外硬模板选用具有三维连通孔道的介孔材料一般都能够得到有序的介孔结构材料。

2.2　孔径调控技术

在生物催化、药物控释、分色、化学吸附和传感器等领域，需要合成不同孔径的介孔材料以获得最佳效果。然而在增大孔径、并较准确地控制孔结构和孔径分布等方面仍存在挑战。通常认为调节孔径以改变胶束为主要手段，但反应条件、实验材料皆影响孔径的调节。朱哲元[38]、王金秀[39]与林惠明[15]等认为：对孔径尺寸的调控可以通过改变表面活性剂链段的长度来实现。因为表面活性剂链段越长，形成胶束的直径以及合成材料的孔径也就会越大。调节孔径的变化特别是扩大介孔材料的孔径有助于大分子在孔道内的扩散。不同孔径分布的介孔材料的合成方法有一定的差异：

1. 2～5nm 孔径的：以如阴离子表面活性剂、中性有机胺和长链季铵盐等不同链长的表面活性剂作结构导向剂；

2. 5～8nm 孔径的：以长链季铵盐作结构导向剂，采用加入胶束溶胀剂分子或者高温水热处理；

3. 4～12nm 孔径的：以嵌段共聚物作结构导向剂；

4. 8～20nm 孔径的：以嵌段共聚物作结构导向剂，采用加入胶束溶胀剂分子或者高温水热处理；

5. 20～40nm 孔径的：以嵌段共聚物作模板剂并加入胶束溶胀剂，但是所得材料介观有序度较差。

2.2.1 原料对孔径调节的影响

1. 模板剂类型影响

模板剂分为软模板剂和硬模板剂。软模板剂主要可分为：阳离子型表面活性剂、阴离子型表面活性剂和非离子型表面活性剂。而硬模板剂为已具有有序介孔结构的固体材料。作为硬模板的固体材料，必须经受得住高温焙烧、长时间的水热、强度高或浸渍等，在过程中不能因与客体材料发生任何的氧化还原反应而影响合成。

模板剂的正确选择对介孔材料的制备颇为重要，它是凝胶化过程或是成核过程的中心结构单元，也是无机物形成有序分子筛的媒介，其作用为：

（1）作为支撑稳定骨架，形成无机物骨架的空间填充物；

（2）符合电荷匹配原理，满足有机物-无机物之间的电荷匹配；

（3）符合结构导向原理，具有自组装功能。

非离子型表面活性剂主要有嵌段共聚物、Gemini 型表面活性剂、长链伯胺等等。非离子型表面活性剂稳定性高，不受无机盐、酸、碱和强电解质的影响，通常在固体上也不易产生强烈吸附。因为不呈离子状态，非离子型表面活性剂在某些合成中的优越性尤为突出。常见的用作模板剂的嵌段共聚物有 P123、F68、F127 等聚合物。模板剂用嵌段共聚物制备出来的介孔材料较其他类型的模板剂优势如下[40,41]：

（1）制得的介孔材料可形成丰富的形貌，具有较高的比表面积和较均一的孔径；

（2）嵌段共聚物分子在溶剂中的胶束化过程人为可控，如通过改变共聚物中亲水（或疏水）链段的相对含量、共聚物的分子量、浓度、温度等因素控制产品的形貌。

（3）因其通过氧键作用力与无机物种结合，故较易从无机/有机复合物中将其除去。

Beck 等[37]用阳离子型表面活性剂 CnH_{2n+1} $(CH3)_3N^+X^-$（n＝8－16，X＝Br，Cl，OH）为模板剂制备出 M41S 有序介孔材料。同样，溴代十六烷基吡啶（Bromohexadecyl pyridine）也能制备出 MCM－41 及含 Zr、Ti 等杂原子的介孔结构材料。沈绍典等[42]用三头季铵盐表面活性剂在碱性条件下制备出介孔二氧化硅，其结构为孔道高度有序、新型面心立方相、Fm3m 空间群。

阴离子型表面活性剂长链硫酸盐、长链磷酸盐等也可以作为模板剂。Mitsunori Yada 等[43]在酸性水溶液中，以十二烷基硫酸钠为模板剂制成介孔分子筛。将其与脲、硝酸铝、去离子水等按一定的比例混合，经过搅拌及陈化，再放入水热釜中，在 80℃下经过数小时的晶化，形成介孔分子筛的前体，在 600℃的高温下进行煅烧，最终形成介孔分子筛。

调节介孔材料孔径主要途径是使用不同类型的表面活性剂作为模板剂。徐德兰等[44]的实验表明：未添加模板剂时只形成无孔的纳米硅球结构，而添加的浓度为

2wt%时则形成了孔体积、平均孔径、比表面积分别为 0.549m^3/g、3.04nm、1109m^2/g 的介孔硅微球。实验还证明，亲水聚合物对硅微球的形状和孔径的影响也比较大，如聚乙二醇的添加使介孔材料的孔径由 3.04nm 增大至 3.45nm，利用 DiCTAB 合成的有孔硅微球比利用 CTAB 合成的有孔硅微球具有更大的孔容积、孔径和更高的比表面积，同样条件下，介孔材料的孔径由 3.45nm 增大至 3.70nm。

与阳离子表面活性剂相比，非离子型表面活性剂不存在强的静电作用，它仅通过氢键和无机物前躯体发生作用，这有助于形成较大孔径、较强热稳定性及较厚孔壁的介孔结构材料。徐德兰指出[44]，选择不同的表面活性剂 CTAB、P104 与 P123 分别作模板时，得到平均孔径分别为 2.5nm、5.9nm 和 8.4nm 的介孔 SiO_2 材料，同样条件下阳离子表面活性剂 CTAB 所获孔径最小。

对非离子表面活性剂来说，模板剂的分子量或链长在一定程度上也影响材料孔径的调控。当非离子表面活性剂 PEG 分子量增大时，分子链也在不断增长，以致难以弯曲，所形成的孔径及胶束也都有增加的趋势。

桑净净、赵君华等[45]发现，随着阳离子表面活性剂 CTAB 含量的不断增加，所得产品的形貌特征便由不规则多边形逐渐向球形转变，表明 CTAB 的加入有利于产物成球。在各种高分子量的嵌段共聚物溶液中加入小分子离子表面活性剂 CTAB，这种适量的小分子就会进入 P123 原有的球形胶团，这也成为合成球形介孔 SBA－15 微球时的关键影响因素之一。

表 2－1　不同的 CTAB 含量 SBA－15 的孔容、孔径及比表面

CTAB 含量/g	孔容/$cm^3 \cdot g^{-1}$	孔径/nm	BET 比表面/$m^2 \cdot g^{-1}$
0	1.00	6.5	856.7
0.2	1.02	5.0	879.3
0.4	1.02	4.8	896.3
0.6	1.02	3.6	1051.7

由表 2－1 可知，CTAB－15 含量从 0 到 0.6 增加时，孔容先增大至 1.02cm^3/g 后趋于不变，孔径由 6.5nm 逐渐减小，BET 比表面由 856.7m^2/g 逐渐增大，反映了 CTAB－15 含量的改变对孔容、孔径和比表面都有很大的影响。

图 2－5（a）和（b）都显示出吸附滞后现象，且都呈现了吸附平衡等温线（IV 型），滞后环的始点所需相对压力也由高到低依次为 SBA－15－0、SBA－15－0.2、SBA－15－0.4、SBA－15－0.6。其原因是：当介孔的孔径越大时，发生毛细凝聚所需的压力就越高。

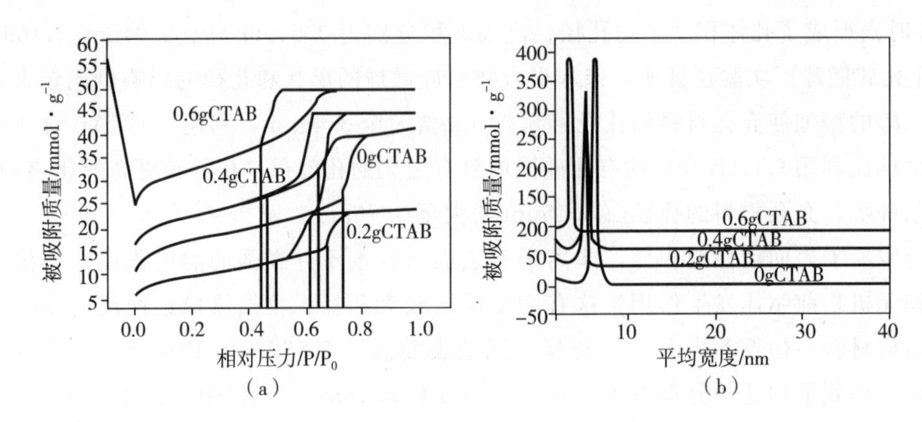

图 2-5　不同 CTAB-15 加入量所得 SBA-15 的 N_2吸附脱附曲线及孔径分布图

2. 模板剂的烷基链长度对孔径的影响

Tanev 等用具有长烷基链的中性 $H_2N(CH_2)nNH_2$（n=12-22）二胺双头基两亲分子表面活性剂作结构导向剂自组装合成 SiO_2分子筛。增加表面活性剂的烷基链长度（C_{16}—C_{22}），孔径发生了明显变化（由 2.0nm 增大至 2.7nm）。Yoshitake 等合成具有螺旋形孔道的介孔 TiO_2材料，用具有长链烷基（C 分别为 10，12，16，18）的伯胺作模板剂，孔径也随模板剂碳链的增长而不断增大。赵铁鹏等[46]采用阳离子含氟型表面活性剂作模板剂合成了有序介孔 SiO_2材料，其孔径同样随着碳链长度的增加而增大，且比对应链长的以无氟表面活性剂为模板剂的所获介孔材料孔径要大。

3. 助剂对孔径的影响

合成有序介孔材料常用的辅助剂主要有极性分子、非极性分子或无机盐等。在一定范围内添加辅助剂可以连续调节材料孔径，并在一定程度上改观孔道的结构。加入无机盐能降低表面活性剂的临界胶束浓度，无机盐如 K_2SO_4、NaCl 等具有盐析作用，能在很大程度上提高有机物种的自组装能力并且拓宽介孔材料的合成相区，有利于多数表面活性剂的选择。

用憎水的有机物作为扩孔剂对孔径的影响如下：扩孔剂进入表面活性剂胶束的憎水基团内部，增大了胶束的表观直径和体积，因发生增溶作用而增加了介孔材料的孔径。这类有机物有饱和链烷烃、芳香烃如 1，3，5-三甲基苯（TMB）及 1，3，5-三异丙基苯（TIPB）等[47]。

Luechinger 等[48]以硅酸钠溶液作硅源、CTAB 混合胶团和十二烷基三甲基溴化铵（DTAB）作模板剂合成了 M41S 材料，并对不同类型的扩孔剂所起的膨胀作用进行了研究。以苯、TMB、TIPB、1，3，5-三乙基苯（TEB）和 1，3，5-三叔丁基苯（TtBB）五种芳香族化合物为扩孔剂，并改变不同的扩孔剂用量，孔径在 3～11nm 范围内可调。

Blin 等[49]以癸烷为扩孔剂合成了 MCM-41 介孔 SiO_2材料，提出了癸烷的膨胀机理。在合成过程中，添加癸烷的时间至关重要。在胶束形成过程中添加癸烷有利于扩大材料的孔径，使孔径由 2.6nm 扩大到 4.0nm。然而，如果在胶束形成后，尤其是在添加硅酸钠后再加入癸烷，那么膨胀作用不显著，孔径扩大也不明显。其机理可以简述为：当增溶扩孔剂分子是较短链的烷烃时，它们将分散在表面活性剂分子尾部，[50]加入长链的癸烷后，癸烷将增溶到胶束内核并使得胶束增大，从而使材料的孔径增大。癸烷作为扩孔剂的膨胀机理表明，扩孔剂对分子和表面活性剂分子之间有较强的共溶作用。Kunieda 等[51]在月桂醇聚氧乙烯醚-水的胶束系统分子中用角鲨烷和癸烷作扩孔剂，角鲨烷和癸烷都可以直接增溶到胶束内核使胶束增大，使得介孔材料的孔径增大。

4. 共溶剂对孔径的影响

Yamada 等[52]用 TMOS 作硅源、CTMAB 作模板合成介孔 SiO_2 微球材料，其平均孔径受到共溶剂的类型影响。当用多元醇（乙醇、乙二醇和丙三醇，或者二甲亚砜）代替甲醇作共溶剂时，平均孔径由 2.30nm 增大至 2.50nm。Liu 等[53]在以表面活性剂 CTAB 为模板剂、TEOS 为硅源合成介孔材料的过程中，添加助表面活性剂硬脂酸可以调节材料的孔径。徐德兰等[44]实验表明：硬脂酸能增大孔径但减小了比表面积，而聚乙烯吡咯烷酮（PVP）能增大比表面积却减小孔径。

Yang 等[54]以 TEOS 作前驱体，SDS 三嵌段共聚物和 P103（EO_{17} PO_6OEO_{17}）作复合模板剂。通过调节阴离子与非离子表面活性剂摩尔比、改变盐浓度并在 NaF 的存在下制备出洋葱形态的多层囊泡状介孔 SiO_2。保持恒定的 SDS 和三嵌段共聚物 P103 摩尔比，只改变 NaF 的浓度会有利于形成多层囊泡结构材料。当 NaF 浓度从 0.05mol/L 增大到 0.1mol/L 时，介孔 SiO_2材料由单层囊泡结构腔径 100nm 变为腔径 200～300nm 的多层洋葱状囊泡结构材料。

5. 有机膨胀剂对孔径的影响

增加介孔孔径的有效的方法是添加有机膨胀剂，其原理为所添加的有机疏水膨胀剂分子可以进入表面活性剂的疏水基团，并增加疏水基团的体积，从而使得介孔孔径大大地增加[17,55]。材料孔径受所用结构导向剂分子的影响，且与其水热处理温度的关系也很大。通常较低的水热处理温度会不利于大孔径介孔分子筛材料的合成，故要选择水热处理温度较高的材料，这对于扩大三维笼状介孔分子筛材料的窗口尺寸更是有很好的效果，但如果水热处理温度超过 140℃后，对其介观有序性造成损坏将会难以估计。一般情况下，加入一定量的胶束溶胀剂分子到合成体系中能有效增加所得介孔材料的孔径大小。

2.2.2　反应条件对孔径调节的影响

王金秀[39]认为，反应物配比、反应温度、产物的后处理过程、pH 值等反应条件的改变都可以有效地调节孔径大小。其中，水热后处理就是主要的产物后处理方法，是一种制备具有不同孔径的介孔材料有效方法。

Khushalani 等[56]在较低温度 70℃左右合成 MCM－41，然后将 MCM－41 置于温度在 150℃下的反应溶液中反应 1～10 天。结果表明，随着 MCM－41 水热的进行，其孔径大小逐渐增加，最大可达 7nm。这种水热后处理的方法是介孔材料的孔径重新调整并扩大的过程。

1. 温度对孔径的影响

扩大孔径的简便方法之一是改变温度。Prouzet 等[57]首次报道了在水热法中增加水热处理温度而使孔径增大，模板用低聚物型表面活性剂来合成无序结构的介孔 SiO_2 材料的方法。

Kim 等[58]用 P123 和 F127 三嵌段混合物作模板合成 SBA－16 SiO_2 分子筛时，增大了水热处理温度，能够使 SBA－16 的笼型孔的孔体积、比表面积和孔径都增大，也延长了合成时间，同时增大了混合物中 P123 的含量，而且孔径大小也有增大的趋势。

Fan 等[59]合成高度有序的立方体型介孔时利用低温法发现，在体系中存有 F127 时，并在相对宽的温度范围 23℃～60℃内，亲水部分的大部分将阻碍 TMB 渗透到胶束核心，以此解释了合成的 FDU－12 材料的孔径增大、细胞参数小范围增大的原因。然而在低温范围内（15℃～23℃），胶团较少的聚集数和松散的聚集导致 TMB 分子的渗透性较弱，从而引起更多的 TMB 分子渗透和孔径增大。

Hossain 等[60]模板剂用聚醚胺 $D_2OOOH_2NCH(CH_3)CH_2[OCH_2CH(CH_3)]_{33}NH_2$ 表面活性剂，添加硅酸钠到氢氟酸及氢氧化钠溶液形成的中性溶液中作前驱体。在不同温度（25℃，60℃和 100℃）下使用溶胶-凝胶法合成了洋葱状介孔 SiO_2。研究表明：随着材料老化温度的升高，材料的比表面积、孔容和孔径都出现了增大的趋势，并且可以通过延长老化时间来增大该材料的孔径。

邓盾[61]提出了热收缩法，在真空中或惰性气氛中，将孔径分布较宽的多孔碳材料拿去高温煅烧，其中炭质基体中的芳环之间会发生脱氧缩聚反应，使其孔道收缩、塌陷，从而达到调节孔径的目的。而在实际煅烧操作过程中，热缩聚反应和热分解反应常常是交叉、重叠进行的。较高温下以热缩聚反应为主，在较低温下以热分解反应为主。

2. pH 对孔径的影响

介孔材料的合成过程中，pH 值对排列特征、孔道结构等有显著的影响。Bai 等[62]通过改变添加反应物的顺序来改进阳离子-阴离子双重水解方法，用 P123 与 $NaAlO_2$ 反应合成介孔 $\gamma-Al_2O_3$。实验证明：当 pH 值由 7 变到 11 时，孔径由约 4nm 增大到 7nm，而孔体积、比表面积呈现减小的趋势。

3. 反应物摩尔比对孔径的影响

当混合物中 TEVS 含量由 25％增大到 65％时，样品的孔径由 2.8nm 减小到 1.7nm。Liu 等[63]用 P123 模板剂，在醋酸-醋酸钠（HAc－NaAc）缓冲溶液中，通过调节 TEOS/硅酸钠的摩尔比（0～0.5）来合成具有可调孔径（10～16nm）的介孔 SiO_2 材料。TEOS 既是合成介孔材料的硅源而且也能作为扩孔剂渗透到胶束核心调节胶束曲率。研究表明：增大乙醇/P123 的摩尔比（0～426），孔径能由 1nm 增大到 18nm。

Blin 等[49]证明：改变扩孔剂癸烷与表面活性剂的摩尔比（用 X 表示）对孔径大小具有一定的影响。当 X 由 0 增大至 1，孔径由 2.6nm 增大到 4.8nm；直到 X 达到 3.5 时孔径保持 5.0nm 不变。但过度添加癸烷会破坏结构有序性，并且使孔壁不能支持三维骨架，导致结构出现塌陷。

4. 产物处理方法对孔径的影响

扩大孔径也可以以非离子嵌段共聚物为模板合成介孔材料，并在过程中水热处理未煅烧的样品。Yu 等[64]用 F_{108}（$EO_{132}PO_{50}EO_{132}$）和 P123 作模板、TMOS 和 TEOS 作硅源合成棒状 SBA－15 和立方体 SBA－16 单晶体。未经过水热法处理的试样煅烧后的孔容、比表面积和平均孔径分别为 0.61cm^3/g、698m^2/g 和 2.1nm。在 100℃下水热处理 1 小时的试样煅烧后的比表面积、孔容和孔径分别为 670m^2/g、0.67cm^3/g 和 7.4nm。

Yamada 等[65]在溶胶-凝胶过程中用 F127 和 P123 作模板剂合成 SBA－15 和 SBA－16 介孔材料时，提出了一种与模板表面活性剂自组装条件直接相关的方法，即采取直接胶束控制方法来控制介孔的孔径大小。

见表 2－2 所列，不同的处理方法对有序介观结构的孔径影响比较大，其中“用不同链长的表面活性剂（包括长链季铵盐和中性有机胺）作模板剂”对孔径影响达到 2～5nm。“用大分子量的嵌段共聚物（如 PI－b－PEO，PS－b－PEO）作模板剂加入有机膨胀剂 TMB 和无机盐，在低温下合成”则对孔径影响最大，能使孔径达到 10～27nm。可见不同的处理方法对有序介观结构的孔径影响各有不同。

表 2－2　不同方法得到有序介观结构的孔径范围

方法	孔径范围
用不同链长的表面活性剂（包括长链季铵盐和中性有机胺）作模板剂	2～5nm
用长链季铵盐作模板剂，并进行高温水热处理	4～7nm
用带电的表面活性剂，并加入有机膨胀剂（三甲苯、中长链胺）	5～8nm
用非离子表面活性剂作模板剂	2～8nm
用嵌段共聚物作模板剂	4～20nm
二次合成（如水-胺合成处理）	4～11nm
用大分子量的嵌段共聚物（如 PI－b－PEO，PS－b－PEO）作模板剂加入有机膨胀剂 TMB 和无机盐，在低温下合成	10～27nm

2.3 掺杂

2.3.1 掺杂简述

材料结构特征决定材料性质，介孔材料的优越性在于它具有均一且可调的介孔孔径和稳定的骨架结构，而且具有易于掺杂和一定壁厚的无定型骨架组成、比表面积大且能修饰的内表面。应用开发研究主要以 MCM－41 及其改性产物为居多却只有少量文献。MCM－41 本身可以用作吸附剂、催化剂和催化剂载体等，在重质油加工和大分子参与的有机化学反应中有较为广阔的应用前景。但纯硅 MCM－41、MCM－48 具有一些弱点，如：酸含量及酸强度低、离子交换能力小，特别是不具备催化氧化反应的能力。因此必须应用改性 MCM－41 和 MCM－48 加大其化学应用前景与领域。改性介孔材料的方法就必须掺杂进而改进其化学性能，其中主要包括无机骨架的部分取代和孔表面修饰。

介孔分子筛的骨架取代是在合成介孔晶状结构的过程中，在合成的混合物中加入非硅基无机物种，以部分替代产物骨架中的硅原子，从而形成杂原子介孔分子筛。与杂原子沸石相比，因为介孔材料的无机孔壁是无定形结构，使得介孔氧化硅对杂原子的要求不严格。在介孔分子筛骨架中导入过渡金属离子能改变其骨架与孔道特性，进而改善介孔分子筛多方面的性能，如表面缺陷浓度、选择催化能力、离子交换性能和骨架稳定性等，形成具有新的氧化硅和酸性的催化材料。杂原子取代的 MCM－41 和 SBA－15 具有潜在的作为载体、吸附剂和催化剂的应用前景，引起许多科学工作者的关注。MCM－41 型介孔分子筛骨架硅的杂原子常见的有：B、Fe、Cu、Sn、Er、zn、Ga、W 等。杂原子 MCM－48 常见的杂原子包括 Zn、AI、Fe、Co、Mn、Cr、Mo 等。这些掺杂的介孔材料在相应的有机反应中表现的催化活性很是明显，研究方向主要集中在金属含量的调节、调节杂原子在孔壁上的配位状态和催化性能改进上。

开发介孔碳的应用经常要对碳材料的结构进行修饰，如引入一些功能组分，使得材料特性更加明显与更好利用。硬模板法中将含有杂原子的碳源，如呋喃、吡咯、噻吩等引入介孔氧化硅孔道，使得介孔碳材料含有 S、O、N 等杂原子。也可以将碳源和金属前驱体同时引入介孔氧化硅的孔道内，经过高温焙烧，除去氧化硅模板后而得到含有金属颗粒的介孔碳。

Ryoo 等[70,71]在介孔氧化硅 SBA－15 的孔道中引入少量 $CO(NO_3)_2 \cdot 6H_2O$，然后灌入糠醇、高温焙烧，除去氧化硅模板，得到了具有磁性的有序介孔 CO/CMK－3 复合材料。利用类似的方法，Shi 研究合成了介孔 $\gamma-Fe_2O_3$/碳复合材料。在软模板法合成介孔碳的过程中，也可以通过引入特殊的前驱体，与嵌段共聚物和酚醛树脂协同组装，获得含有一杂原子的介孔碳材料。Wan 等在 FDu-15 的合成体系中引入含 F、B 等原子的前驱体，合成得到具有 F、B 等原子掺杂的 FDU-15 材料。

李子成等[72]在无压体系中用水玻璃为硅源，合成含 Al 的硅基 MCM-41，并采用 XRD、TEM、NMR 及 N_2吸附-脱附等表征手段，详细地研究了 Al 的引入对 MCM-41 结构的影响。实验研究表明：A1 原子对 MCM-41 骨架 Si 进行同晶取代后，Al 以四配位骨架和六配位骨架外 A1 的形式存在，并且 A1-MCM-41 仍能保持长程有序的一维孔道结构。伴随 Al 掺杂量的增加，孔体积和孔径变小，且当 Si/Al=25 时比表面积达到最高值。

表 2-3　Al-MCM-41 试样的孔结构特征参数

Si/Al	$S_{BET}/m^2\cdot g^{-1}$	最可几孔径/nm	孔体积/$cm^3\cdot g^{-1}$
∞	1027	2.88	0.923
50	1029	2.76	0.87
25	1036	2.45	0.82
5	852	1.92	0.56

从表 2-3 可知：在 Al-MCM-41 试样中，伴随 Al 掺杂量的增加，孔体积和孔径都逐渐地减小，且当 Si/Al=25 时比表面积达到最高值 $1036m^2\cdot g^{-1}$。可以利用 Al 掺杂量来调整孔体积、孔径、比表面积等，这也是一种调整 AL-MCM-41 试样结构参数的有效方法。

2.3.2　掺杂改性方法

1. 后修饰法

先进行不同价态离子掺杂，进而用离子交换法将金属引入介孔孔道中。如 Yonemitsu 等[73]合成了有序的高稳定性的 Mn-MCM-41 并提出了模板离子交换法。Badiei 等[74]以保留表面活性剂的介孔母体材料直接与钴的乙二胺配合物进行离子交换，使少量钴离子能够进入介孔材料的孔道中，介孔材料的性能大大提升。Ryoo 等[75]利用离子交换法将 $[Pt(NH_3)_4]^{2+}$引入介孔材料的孔道中，并经过高温 H_2还原产生 Pt 团簇，使得介孔材料对乙烷的氢解反应具有很高的催化活性。后修饰法得到的介孔材料有序性好，但也存在较多的缺陷如孔径、孔容、比表面等，活性明显呈下滑趋势。

2. 原位合成法

在介孔材料骨架的形成和晶化过程中引入金属杂原子前驱体化合物，通过该前驱体在合成物体系中的原位水解及由此产生的金属物种与骨架的结合，从而将金属杂原子嵌入介孔骨架。含 Al 的介孔材料即 Al（Ⅲ）取代 Si（IV），导致骨架中电荷失去平衡，以致产生布朗斯特酸中心。

Collart 等[76]采用 Al（Etox)$_3$、$NaAlO_2$、Al_2（SO4)$_3$和 Al（prox)$_3$四种铝源，研究在 MCM－48 骨架中 Al 离子掺杂的可行性。发现以 $NaAlO_2$作为铝源的 MCM－48 其 Si/Al 比达 20，且介孔结构良好。Vinu 等[77]通过调节水和盐酸的摩尔比，合成出具有高铝含量、较大孔径的 Al－SBA－15。另外有报道把钢系、斓系金属离子掺杂至介孔骨架中，因为其强亲电子能力有利于催化活性的提高。

表 2－4　部分常见的通过原位合成法制备的金属离子掺杂介孔材料[78]

介孔材料	金属来源	产物	Si/M（M 为金属）含量比
SBA－15	硝酸铬，氯化铬	Cr－SBA－15	Si/Cr＝9.1～99.9
	异丙氧基钛	TI－SBA－15	Si/Ti＞100
	硝酸铁	Fe－SBA－15	Si/Fe＝21～152
	硝酸锰	Mn－SBA－15	Si/Mn＝4～50
MCM－41	$(NH_4)_6Mo_7O_{24}\cdot 4H_2O$	MO－MCM－41	Si/Mo＝2300
	Ni（NO_3)$_2$$6H_2O$	Ni－MCM－41	1.0～5.0wt%
	$VOSO_4\cdot 3H_2O$	V－MCM－41	Si/V＝47.2～207.5
SBA－1	醋酸钴	CO－SBA－1	0.15～0.42wt%
	NH_4VO_3	V－SBA－1	4.0～5.5%wt%
	$(NH_4)_6Mo_7O_{24}\cdot 4H_2O$	MO－SBA－1	Si/Mo＝14～31
MSU－X	硝酸铬	Cr－MSU－x	Si/Cr＝20～100
HMS	$(NH_4)_6Mo_7O_{24}\cdot 4H_2O$	MO－HMS	Si/Mo＝55～131

由表 2－4 可知，在 SBA－15 介孔材料中可以通过原位合成法掺杂钛、铁、锰等金属元素；在 MCM－41 介孔材料中用原位合成法掺杂钼、镍、钒等金属元素；对于 SBA－1 介孔材料来说，也可以通过原位合成法掺杂钴、钒、钼等金属元素；在介孔材料 MSU－X 与 HMS 中可以原位合成法分别掺杂铬和钼金属元素。其中 Si/M（M 为金属）含量比在这些介孔材料中各有所异同。

2.3.3　元素掺杂改性

1. 贵金属掺杂

在对 Au/TiO_2纳米合成粒子研究的过程中，实验表明：掺杂贵金属会改变电子分布，并扩大光催化剂在可见光区的反应。适量贵金属沉积在 TiO_2表面后，由于 TiO_2费米能级大于贵金属的费米能级，即金属内部与 TiO_2相应的能级上，电子密度小于 TiO_2导带的电子密度。此时载流子重新分布，电子扩散从 TiO_2转向贵金属，直到它们的费米能级相同。由于电子在贵金属上的富集，从而相应地减少了 TiO_2表面的电子密度，使得了电子和空穴的复合被抑制。另外，通过降低还原反应的超电压，而提高了 TiO_2

光催化活性。

Li 等[79]通过 Au 掺杂纳米 TiO_2对甲基蓝的光催化降解的研究，发现 Au 较低的带隙能使改性 TiO_2的吸收光向长波长方向移动，因而极大地增强了光催化活性。

2. 半导体复合

半导体的复合方式有掺杂、组合、导相组合、多层结构等。胶体体系通过两个半导体复合而成的，可以界面电荷转移来有效地提高光诱导电荷分离效率。利用纳米粒子间的耦合作用，由于两种半导体的价带、导带、禁带宽度不一致而使二者之间发生交叠，使带隙能不同的两种半导体之间发生光生载流子的分离与输送，抑制光生载流子的复合，且使得带隙能降低，从而能有效地扩大半导体激发波长范围。

Jing 等[80]在苯酚的光催化氧化反应中，在其中掺杂 Sn 可形成 TiO_2和 SnO_2复合纳米粒子，由于它们之间的电势不同，使得光电子从 TiO_2表面移至 SnO_2导带，降低了 TiO_2的带隙能，继而使其反应波长向可见光方向移动。同时，掺杂适量 Sn 可抑制光致电子，且空穴对再结合，能增加光催化活性。

3. 过渡金属掺杂

掺杂过渡金属离子到半导体中。处于 TiO_2价带和导带之间的能级过渡金属离子掺杂能降低半导体的带隙能，它既能接受半导体价带上的所激发出来的电子，也能吸收光子从而使电子跃迁到半导体的导带上，增强对可见光的吸收，拓宽吸收光谱的范围。对 TiO_2进行过渡金属掺杂有物理和化学两种方法。其中用物理方法植入金属离子如 V、Fe、Cr 和 Ni 后，所得 TiO_2的吸收光谱向可见光区移动。表明物理在离子植入后所得 TiO_2的带隙能比初始的 TiO_2的带隙能小得多。而通过化学方法制得的离子掺杂 TiO_2的波谱与通过物理离子植入法制得的 TiO_2的波谱相比却完全不同，前者在可见光区显示了一个弱峰，而后者的吸收峰显得相对较强。

2.4 负载

介孔碳材料的特点具有较高的比表面积、较窄的孔径分布、极好的化学和热稳定性。其规整的多孔孔道结构有利于金属颗粒的嵌入，更有利于气、液相反应物与产物的传质，进而提高了催化剂的比质量活性，广泛应用于催化剂的制备等领域。

刘国聪等[81]模板剂采用三乙醇胺，并以十八水硫酸铝为铝源和以钛酸四丁酯为钛源，运用研磨-溶胶技术合成了 Al 掺杂的 TiO_2介孔材料，并利用 TEM、EDS、XRD、BET、IR 和 UV - vis 等手段表征了材料的结构、孔径分布、形貌、比表面积和光学性能。结果表明：介孔材料中 Al 掺杂能够减小 TiO_2光催化剂的粒径，并且能提高介孔 TiO_2的热稳定性。而且 Al 掺杂 TiO_2介孔材料的比表面积竟能达到 $110.2m^2/g$，平均孔径为 4.5nm。相比商用 P25 和介孔 TiO_2，Al 掺杂介孔 TiO_2的吸收边发生红移，对为 20mg/L 的初始浓度的甲基橙进行催化降解 1 小时后，其降解率能达到 92.5%。

王露等[82]采用灌注法[83]将硝酸钴 $Co(NO_3)\cdot 6H_2O$ 负载到 MCM-41 孔道内，煅烧后得到 Co_3O_4/MCM-41-X 复合材料，利用 TEM、XED、循环伏安、N_2吸附-脱附等技术手段研究了材料的电化学性能、化学组成及结构特征，结果表明，本介孔材料的比表面积在 280～440m^2/g 范围内，孔体积为 0.22～0.34cm^3/g。

赵会玲等[84]用模板剂增溶了茂金属的十六烷基三甲基溴化铵（CTAB）胶束，并采用一步法合成法制备了表面负载金属（Fe、Ti 和 Zr）的介孔材料 MCM-41。用等离子体电感耦合发射光谱仪（ICP-AES）测定材料中铁、钛和锆负载量，其质量分数分别为 1.71%、0.95%和 0.81%。N_2吸脱附等温线和 X 射线衍射（XRD）图谱显示，负载金属后的介孔材料 M-MCM-41 仍有较高比表面和规整的六方有序孔道结构，但去除模板剂过程中的焙烧温度对孔道结构影响不容忽视。该金属负载介孔材料对乙酸正丁酯的酯化反应具有很高的催化活性，试验证明，其中 Fe-MCM-41 在单位时间、单位金属催化生成的产物量（TOF）为 55643$g\cdot h^{-1}\cdot g^{-1}$，而 Zr-MCM-41 的 TOF 却高达 125320$g\cdot h^{-1}\cdot g^{-1}$。

苏赵辉等[85]以三嵌段共聚物 P123 为模板剂并以正硅酸乙酯（TEOS 为硅源、钨酸钠（$Na_2WO_4\cdot 2H_2O$）为钨源，通过水热法一步合成了钨掺杂的二氧化硅介孔材料 W-SiO_2，并通过 HRTEM、EDX、N_2吸附-脱附、FT-IR、XRD 等表征手段研究了其结构参数，结果如表 2-5 所示。

表 2-5　WO_3掺杂前后的 SiO_2 介孔材料的结构参数

ω（WO_3）/（%）	S_{BET}/（m^2/g）	V/（cm^3/g）	d_a/nm	D_p/nm	δ/nm
Undoped	569.27	0.95	7.00	9.29	3.25
5%	464.60	0.90	7.74	9.32	3.32
20%	460.58	0.79	7.69	11.07	2.35
40%	353.89	0.70	8.47	9.20	2.59
60%	252.79	0.60	8.22	9.16	1.82

当 WO_3 含量从 0 到 60%时，SiO_2 介孔材料比表面积 S_{BET}、孔体积 V、d_a、D_p、δ 等结构参数都逐渐减小。随着钨含量增加，钨物种在材料中的存在状态与 W-SiO_2 介孔材料结构呈规律性的变化。当介孔材料中 WO_3 含量 $\omega_{(WO_3)}$ 约为 10%时，W-SiO_2 中的钨以高度分散方式进入介孔骨架，形成 W-O-Si 键；当 $\omega_{(WO_3)}=20\%$时，样品中开始有部分钨未掺入到 SiO_2 骨架中，出现 WO_3 的结晶；当 $\omega_{(WO_3)}<60\%$时，W-SiO_2 样品材料能较好地保留介孔孔道结构，然而，当材料中 WO_3 掺入量更高时，将破坏二氧化硅介孔孔道结构。

蒋文娟[86]以介孔材料 SBA-15 为载体并在介孔孔道中修饰功能分子邻巯基苯胺，再加入贵金属离子，利用邻巯基苯胺贵还原金属离子，在介孔材料孔道中生成贵金属纳米粒子，从而得到负载贵金属纳米粒子的介孔材料。利用 XRD、FT-IR、TEM 等手段对复合材料的结构进行表征。试验发现，溶液中 pH 值、Pt^{4+} 浓度等因素对 Pt 纳米粒子负载特性有较大影响。通过该途径也可得到 Pd-SBA-15、Au-SBA-15、Ag-SBA-15 等材料，表明该方法在负载贵金属纳米粒子的介孔材料合成方面有一定的适用性与普适性。以两亲嵌段共聚物 P123 为模板剂，TEOS 为硅源，苯胺为媒介，在酸性条件下通过一步法合成负载金属 Ag 的介孔材料，并利用 FT-IR、TEM、XRD 等实验技术手段对负载型贵金属粒子结构进行表征。UV-Vis 手段证明了 $Ag/mSiO_2$ 介孔材料在可催化还原硝基苯酚，用玻碳电极表面修饰 $Ag/mSiO_2$ 介孔材料可以检测双氧水分解反应产生的电流，这有可能用于传感器。

张四方等[87]以新制备的酚醛树脂为碳前驱体，并将其加入不同 Cu/Zn 比例的硝酸铜-硫酸锌混合溶液中，经过煅烧制备了酚醛树脂基介孔碳材料负载 Cu-Zn 催化剂。用 XPS、XRD、N_2 吸附-脱附等实验手段对材料进行了表征，并研究其催化二氧化碳和甲醇气相在固定床反应器中直接合成碳酸二甲酯的性能。实验结果表明：当 $n_{(Cu)}/n_{(Zn)}=2$ 的 Cu-Zn/PF 催化剂具有最好的催化性能，且其比表面积达 $459m^2 \cdot g^{-1}$、平均孔径为 3.44nm 时，分散在载体上均匀的催化剂活性组分与载体的相互作用较为明显。该反应催化剂在反应温度为 320℃、反应压力为 3.2MPa 时，碳酸二甲酯选择性为 95.05%，甲醇转化率达 98.11%，反应的稳定性较好。

负载型手性金属催化剂也可以是介孔材料。硅基介孔材料负载型手性金属催化剂主要是将均相手性金属催化剂和介孔硅材料进行组合，当负载或结合方式不同时，将制备出不同的具有规整孔道结构负载型手性金属催化剂。刘锐等[88]认为，可以通过四种方法获得负载型手性金属催化剂，它们是共价键法、氢键吸附法、离子对法和包裹法。

目前最常用的负载方法是共价键法。即在催化剂的合成过程中，通过形成共价键的方法将手性配体引入介孔硅材料。

图 2-6 为双功能的手性金属催化剂在酸性条件下形成共价键的方法将手性配体引入介孔硅材料的示意图。先使咪唑双功能硅源发生自聚反应，从而在硅基载体表面上产生大量羟基。接着 Si-O-Si 键的链接在甲苯条件下硅基载体材料表面的功能硅源与羟基之间形成，在羟基和功能硅源的乙氧基之间的共价键分别发生断裂，而失去一分子 CH_3CH_2OH，然后配体与材料连接在一起而形成一个新的 Si-O-Si 键。

离子对连接法：通过均相催化剂和载体之间形成离子对，从而把催化剂负载于载体之上。与共价键连接法相比，离子键法具有反应时间较快和能有效地减少副反应的优点。

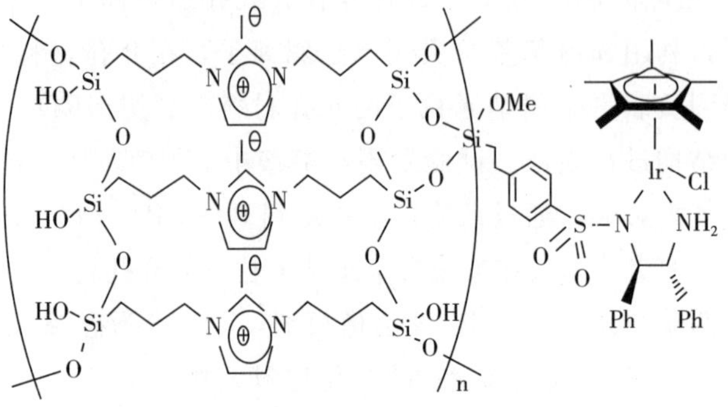

图 2-6　共价键法示意图

图 2-7 通过正、负离子之间的相互作用合成上述这种负载型催化剂。物理吸附的最大特点在于配体和均相催化剂之间没有形成化学键，而利用分子之间的作用力如氢键。与化学键法相比，物理吸附法最显著优点在于能把一些较难引入负载位点的配体进行负载，并在解决一些配体在形成化学键的过程中发生变化的问题上显示出了独特的优势。

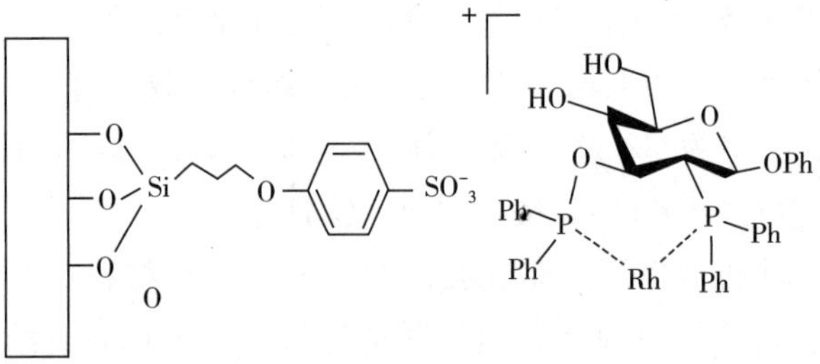

图 2-7　离子对法示意图

图 2-8 表示了通过氢键将 Cp-Rh-Ts-DPEN 催化剂负载在介孔 SBA-15 和 SBA-16 上，制备出的高效和高选择性的异相催化剂的结构图。以三氟甲磺酸阴离子作为中间体，利用催化剂的氢原子和之间形成氢键，使三氟甲磺酸的氟原子与载体表面的羟基基团之间形成氢键。

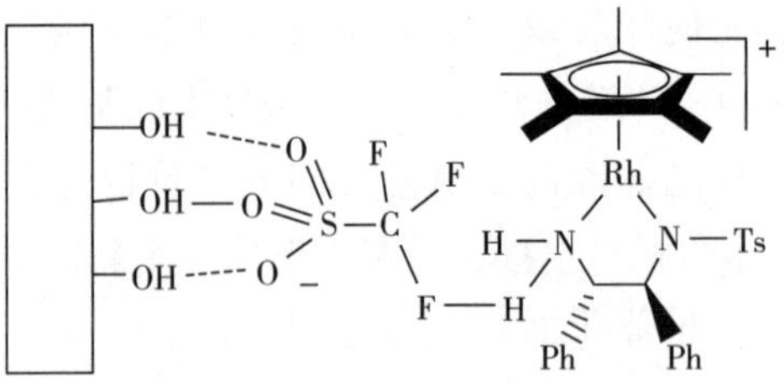

图 2-8　物理吸附法示意图

包裹负载型金属催化剂将均相催化剂包裹在具有空腔结构的介孔硅基材料的内部，其优点在于金属催化剂能在空腔内部自由运动，不用通过化学键将载体和配体进行连接，其催化性能与均相催化剂具有等同效果。

1998年赵东元等[89]利用具有SBA－15结构的无机硅材料负载了手性有机金属催化剂。2006年，该课题组[90]又报道了一种基于SBA－15的手性金属催化剂，它通过嫁接的方法成功地将合成的手性金属催化剂嫁接于SBA－15之上。结果显示，负载型催化剂在烯烃的环氧化反应中显示出了更高的手性诱导作用，而且这种大孔径的催化剂对大分子反应具有良好的反应性能与催化性能，特别是在循环套用之后依然具有较高的催化活性。

Hierro课题组[91]在2007年利用介孔SBA－15负载BINOL和Ti的金属催化剂制备出一种新型的负载型催化剂。Li等[92]在介孔SBA－15材料的孔道中负载手性磷配体和1，2－二苯基乙二胺配体及金属铑催化剂，成功地合成了一种对芳香酮合成有高选择性的手性金属催化剂，这种催化剂具有高活性，能够使得芳香酮的转化率达到99%以上。可以看出SBA－15介孔材料负载手性金属型催化剂取得了比较重要的成果，而且其催化的反应也趋于多元化[93]。

Yang等[94]通过功能化硅源和正硅酸乙酯合成了一系列负载无机硅基材料型催化剂。其实验研究结果表明：芳香醛与二乙基锌的不对称加成反应利用不同形貌的催化剂时会有不同的立体选择性与活性。同时发现具有孔道结构的催化剂对立体选择性和反应物活性都有非常大的影响，这对指导合成类似的负载型催化剂时有一定的借鉴作用。

Liu等[95]利用正硅酸乙酯和功能化硅源合成了一种具有核壳结构的负载型催化剂。方法主要是使两种不同的硅源发生共聚，利用Si－O键的水解和缩聚成功地将手性配体引入硅基材料，使得这种材料具有核壳结构。在合成这种负载型催化剂的过程中正硅酸乙酯发生水解，同时在也新化学键的形成过程中形成Si－O－Si键的链。其产物的催化性能与均相催化剂相当，且可多次循环使用。

Anwander等[96,97]以钛的手性配体合成了一系列功能化的MCM－41、Park、SBA－1等，将介孔MCM－41材料用氨基化的硅源进行改性。在甲苯的条件下，并与手性配体进行取代反应，制备出的介孔MCM－41型催化剂具有手性催化作用。这种手性催化剂的最大优点在于合成载体和合成配体是各自进行的，再利用取代反应进行连接。这样的反应方式在合成材料的过程中能很好地避免配体发生副反应。实验结果表明：在还原芳香酮的反应中，该配体立体选择性与活性都有显著的提高。

Li等[98]在2011年报道了一种MCM－41负载型金属锰催化剂，手性锰在不对称金属催化中一直具有广泛的应用。该课题组对材料与催化剂的连接臂长度进行了优化，实验结果表明：不同长度的碳链对反应的影响较大，尤其是对其立体选择性产生显著的作用。其原因在于不同的负载型催化剂能够产生不同的立体效应。经过优化后的催化剂在碳碳双键的环氧化反应中表现出良好的活性和立体选择性。

2008 年，人们成功地合成了一种手性配体修饰的有机介孔材料[99-101]。首先利用N-甲基-γ-氨基三甲氧基硅烷和手性配体合成手性硅源，接着利用硅源共聚方法合成出了有机手性结构介孔硅材料。这种有机手性介孔材料的孔道结构与无机介孔材料相似，且孔径也能够通过其模板剂的类型、浓度等的调节来进行有效的控制，其孔径从1.3nm 至 2.8nm 分布不等。孔道的有序规整结构为催化提供良好的环境。

Liu 等[102,103]利用手性环己二胺和 1，4-双（三乙氧基硅基）苯成功地合成了一种具有介孔结构的手性硅基材料，再嫁接金属制备制成一种具有手性结构金属镍催化剂。该负载型催化剂对不对称迈克尔加成具有很高的立体选择性和催化活性，在 1，3-二羰基化合物与硝基烯的加成反应中转化率达到 92%以上，对映体过量值也高达 99%，而且多次循环之后转化率依然没有明显的降低。

Corma 等[104]用共聚法合成了一种能用于不对称催化的负载型有机钒金属催化剂。此类催化剂在 TMSCN 和苯甲醛的不对称催化反应中具有良好的化学反应活性。

Li 等[105]通过正硅酸乙酯、P123、BINAP 功能化硅源合成了一种有机无机混合的介孔硅材料。他们先用硅源共聚的策略来合成一种共聚体，接着在酸性条件下，除去模板剂得到一种具有功能化的手性结构的有机金属钌催化剂。通过乙酰乙酸甲酯 α-羰基的还原催化数据分析，表明 Ru/PMO-BINAP 随着 S/C 增大，表现出良好的转化率和立体选择性。

Crudden 等[106]报道了一种具有功能化手性结构的有机硅材料，并对其催化性能与特性进行了研究。先合成一种具有手性结构的膦配体硅源，并利用硅源共聚法在模板剂的存在下得到负载型手性结构有机金属催化剂。通过实验发现此催化剂具有显著的立体选择性，取代基 R_1 与 R_2 的变化对反应活性产生明显的影响，且此类催化剂循环再利用之后仍然能保持较好的催化性能。

吴天斌等[107]以 SiO_2 为核、介孔 SiO_2 材料为壳制备核-壳颗粒负载纳米金属颗粒和介孔 SiO_2 壳层包覆 SiO_2 负载的纳米金属颗粒。实验指出：其介孔 SiO_2 壳层的孔径方向垂直于 SiO_2 核的表面。在聚乙烯吡咯烷酮的稳定作用下，Pt 纳米颗粒能够均匀地分布在介孔 SiO_2 壳层的表面。经过 3-氨丙基三乙氧基硅烷功能化的单分散 SiO_2 颗粒能够负载纳米金属颗粒。研究进一步表明：以 SiO_2 负载纳米金属颗粒为核，$NH_3 \cdot H_2O$，乙醇和水为分散剂，十六烷基三甲基溴化胺为模板剂，正硅酸乙酯为硅源，能制备出介孔 SiO_2 壳包覆 SiO_2 负载的纳米金属颗粒，而且可通过正硅酸乙酯的含量来调节介孔 SiO_2 壳层的厚度。

2.5 介孔材料研究的主要问题

MCM-41 与 SBA-15 等介孔材料问世之后，介孔结构材料的合成与应用获得长足的发展与进步，但仍然存在诸多问题有待解决：

(1) 去除模板剂后，介孔材料一般会出现孔孔径缩小、塌陷，孔隙率和比表面积都会减小的现象，这会大大降低介孔材料的使用性能，抑制了介孔材料的发展。

(2) 人们对于介孔结构材料的组成和结构的了解还比较有限，尤其是关于功能性介孔结构材料的报道还比较少，且大多数是无定型材料，这就限制了它们在电、磁、光等方面的应用与发展。

(3) 目前使用的大多数模板剂价格昂贵，不利于介孔材料的工业商品化发展。

针对以上问题，寻找解决途径，是今后一段时间内介孔材料研究的主要任务。

参考文献

[1] Kresge CT，Leonowicz ME，Roth WJ. Ordered mesoporous molecular sieves synthesized by a liquid - crystal template mechanism [J]. Nature，1992，359 (6397)：710-2.

[2] 翟赟璞. 有序介孔聚糠醇的组装及有序介孔碳材料的合成与功能化修饰[D]. 复旦大学，2009.

[3] 谢俊杰. 手性介孔材料的形成机理及其光学活性的诱导性能 [D]. 上海交通大学，2012.

[4] 伊戈尔. 有序介孔材料组装功能材料及性能研究 [D]. 内蒙古大学，2012.

[5] 刘宁宁. 功能化介孔碳材料的合成及应用研究 [D]. 山东大学，2011.

[6] 邢丽红. 介孔碳和介孔沸石材料的合成与表征 [D]. 吉林大学，2006.

[7] 李博. 手性修饰的有序介孔碳材料负载型铂催化剂上 alpha-酮酸酯的不对称氢化反应研究 [D]. 华东师范大学，2011.

[8] 黄荣. WO_3介孔材料的制备及其表征 [D]. 中国地质大学，2012.

[9] 林永兴，孙立军，张文彬，郑雪萍. 介孔材料的合成机理与应用 [J]. 材料导报，2003，(S1)：226-8.

[10] 谢永贤，陈文，徐庆. 有序介孔材料的合成及机理 [J]. 材料导报，2002，(01)：51-3.

[11] 谢永贤，陈文，徐庆，郭景坤. 介孔氧化硅材料的合成及应用研究 [J]. 武汉理工大学学报，2002，(09)：1-4.

[12] 谢永贤. 介孔氧化硅材料的合成、表征及在分离上的应用 [D]. 武汉理工大学，2002.

[13] 张福强. 介孔材料水热稳定性的改进及新型介孔碳材料的水相合成 [D]. 复旦大学，2007.

[14] 唐嘉伟. 新型介孔材料的设计合成及其功能研究 [D]. 复旦大学，2008.

[15] 林惠明. 介孔材料的合成与应用研究 [D]. 吉林大学，2010.

[16] 袁金芳. 短孔道有序介孔材料的可控合成及吸附、催化性能研究 [D]. 南京理工大学，2011.

[17] 陈德宏. 介孔材料结构和孔道的可控合成及其在电化学和生物分离中的应用 [D]. 复旦大学，2006.

[18] Vartuli JC，Kresge CT，Leonowicz ME，Chu AS，McCullen SB，Johnson ID，et al. Synthesis of Mesoporous Materials：Liquid-Crystal Templating versus Intercalation of Layered Silicates [J]. Chem Mater，1994，6：2070-7.

[19] 刘大鹏，司文捷，苗赫濯．介孔材料的发展及合成机理 [J]．稀有金属材料与工程，2005.

[20] 郑明波，凌宗欣，廖书田，杨振江，姬广斌，曹洁明，等．低温热处理制备介孔 NiO、Co_3O_4及超电容性能研究 [J]．化学学报，2009，(10)：1069－74.

[21] 康诗飞．新型石墨化介孔碳及其磁性复合材料的制备和环境应用 [D]．复旦大学，2011.

[22] Monnier A，Sehuth F，Huo Q. Cooperative formation of inorganic－organic interfaces in the synthesis of silicatemesostructure，Science [J]．Science，1993，261：1299.

[23] 田志茗．酸改性 SBA－15 介孔材料制备、表征及催化性能 [D]．大连理工大学，2008.

[24] 杜耘辰．高稳定性的介孔材料的合成、表征及催化性能研究 [D]．吉林大学，2008.

[25] 叶林．介孔金属氧化物及三维有序超晶格阵列材料的合成与应用研究 [D]．复旦大学，2012：1－125

[26] 雷菊英．基于介孔氧化硅和多钛氧簇化合物的功能化材料的制备、结构表征及其应用研究 [D]．华东理工大学，2013.

[27] 杜立功．介孔材料制备及其吸附性能研究 [D]．山东科技大学，2007.

[28] 孟岩．有序的有机高分子介孔材料的合成与结构 [D]．复旦大学，2006.

[29] 赖小勇．几种介孔材料的硬模板法制备及其气敏性质研究 [D]．吉林大学，2009.

[30] 王婵．多功能集成介孔材料的合成及应用研究 [D]．大连理工大学，2012.

[31] 马永平．几种介孔材料催化氧化合成部分医药中间体 [D]．云南大学，2012.

[32] 顾栋．基于有机-有机共组装的介孔材料：合成、机理及性质 [D]．复旦大学，2011.

[33] Zhao DY，Yang PD，Chmelka BF，Stueky GD. Triblock copolymer synthises of mesoporous silica with periodic 50 to 300 angstrom pores [J]．Science，1998，279：548－52.

[34] Grosso D，CrePaldi EL，lllia GJD，Cagnol F，Baeeile N，Babollneau F，et al. In Nanotechnology in Mesostructured Materials [J]．Elsevier Science Bv：Amstrerdam，2003，146：281.

[35] 蔡华强．介孔材料与功能性含能材料的关联和复合 [D]．复旦大学，2009.

[36] Chen CY，Burkett SL，Li HX，Davis ME. Studies on mesoporous materials

II. Synthesis mechanism of MCM－41 ［J］. Microporous Mater，1993，2：27－34.

［37］ Beck J S VJC，Roth W. A new family of mesoporous molecular sieves prepared with liquid crystal template ［J］. J Am Chem So，1992，114（27）：10834－1084.

［38］朱哲元．磁性介孔材料的自组装合成及形貌调控［D］．大连理工大学，2013.

［39］王金秀．新型碳基介孔材料的控制合成及应用［D］．复旦大学，2012.

［40］孙继红，范文浩，孙予罕．三嵌段共聚物合成 SiO_2 中孔材料的制备化学[J]．无机材料学报，2000，15（1）：38－44.

［41］诸荣，陈航榕，施剑林，严东生．以嵌段共聚物为结构导向剂的 SBA－15 和 SBA－16 的合成及表征［J］．无机材料学报，2003，18（04）：855－60.

［42］沈绍典，李裕绮，武芳卉．二头季铵盐表面活性剂导向合成新型立方相介孔二氧化硅［J］．高等学校化学学报，2002，23（3）：355－60.

［43］ Mitsunori Y，Masato M，Tsuyoshi K. Sythesis and deorganization of an aluminium－baded dodecy sulfate mesophase with a hexagonal structure ［J］. Chem Commun，1996：769－70.

［44］徐德兰，武翠翠，宋宏斌，王春凤，周国伟．介孔材料孔径调节的最新研究进展［J］．化工新型材料，2012，40（8）.

［45］桑净净，赵君华，李玲，李洪亮，傅爱萍．不同制备条件对 SBA－15 介孔氧化硅的形貌、比表面积和孔径分布的影响［J］．化学工程师．2011.

［46］赵铁鹏，高德淑，雷钢铁，李朝晖．三维有序大孔 α－Fe_2O_3 的制备及电化学性能研究［J］．化学学报．2009，67（17）：1957－67.

［47］ Ahmed A，Clowes R，Willneff E. Porous silica spheres in macroporous structures and on nanofibres ［J］. Ind Eng Chem Res，2010，49（2）：602－8.

［48］ Luechinger M，Pirngruber GD，Lindlar B. In vivo heating of pacemaker leads during magnetic resonance imaging ［J］. MicrO－porous Mesoporous Mater，2005，79（4）：41－52.

［49］ Blin JL，Otjacques C，Herrier G，Su BL. Pore Size Engineering of Mesoporous Silicas Using Decane as Expander ［J］. 16. 2000，9（4229－4236）.

［50］ Ulagappan N，Rao CNR. Mesoporous phases based on SnO2 and TiO2 ［J］. Chem Commun，1996，（14）：1685－6.

［51］ Kunieda H，Ozawa K，Huang KL. Effect of oil on the surfactant molecular curvatures inliquid crystals ［J］. J Phys Chem B，1998，102（5）：831－8.

［52］ Yamada Y，Yano K. Synthesis of monodispersed super — microporous/

mesoporous silica spheres with diameters in the low submicron range [J] . Microporous Mesoporous Mater，2006，93 (1 - 3)：190 - 8.

[53] Liu HD，Ye SF，Chen YF. Composition of indoor aerosols at Emperor Qin's Terra — cotta Museum，Xi ′ an，China，during summer，2004 [J] . China Particuology，2005，3 (6)：379 - 38.

[54] Gai S，Yang P，Li C，Wang W，Dai Y. Synthesis of Magnetic，Up — Conversion Luminescent，and Mesoporous Core—Shell—Structured Nanocomposites as Drug Carriers [J] . Advanced Functional Materials，2010，20 (7)：1166 - 72.

[55] 张任远．功能性介孔材料的合成及其在催化中的应用 [D]．复旦大学，2010.

[56] Khushalani D，Kuperman A，Ozin G. Metamorphic materials：Restructuring siliceous mesoporous materials [J] . Advanced Materials，1995，7 (10)：842 - 6.

[57] Prouzet E，Pinnavaia T. Assembly of mesoporous molecular sieves containing wormhole motifs by a nonionic surfactant pathway：control of pore size by synthesis temperature [J] . Angewandte Chemie International Edition in English，1997，36 (5)：516 - 8.

[58] Kim w，Ryoo R，Kruk M. Tailoring the pore structure of SBA - 16 silica molecular sieve through the use of copolymer blends and control of synthesis temperature and time [J] . J Phys Chem B，2004，108 (31)：11480 - 9.

[59] Fan J，Yu C，Gao F，Lei J，Tian B，Wang L. Cubic mesoporous silica with large controllable entrance sizes and advanced adsorption properties [J] . Angewandte Chemie，2003，115 (27)：3254 - 8.

[60] ZHossain K，Sayari A. Synthesis of onion — like mesoporous silica from sodium silicate in the presence of α，ω—diamine surfactant [J] . Mesoporous Mater 2008，114 (1 - 3)：387 - 94.

[61] 邓盾．金属掺杂有序孔碳分子筛的制备与结构性能 [D]．安徽建筑工业学院，2011.

[62] Lei Z，An L，Dang L，Zhao M，Shi J，Bai S. Highly dispersed platinum supported on nitrogen — containing ordered mesoporous carbon for methanol electrochemical oxidation [J] . Microporous and Mesoporous Materials，2009，119 (1 - 3)：30 - 8.

[63] Liu J，Yang Q，Zhao XS. Ordered Mesoporous Nanocrystalline Titanium—Carbide/Carbon Composites from In Situ Carbothermal Reduction [J] . Mesoporous

Mater，2007，106（1-3）：62-7.

［64］Yu CZ，Fan J，Tian BZ. Morphology development of mesoporous materials：a colloidal phase separation mechanism［J］. Chem Mater，2004，16（5）：889-98.

［65］Yamada T，Zhou H，Asai K，Honma I. Pore size controlled mesoporous silicate powder prepared by triblock copolymer templates［J］. Materials Letters，2002，56（1-2）：93-6.

［66］史芸. Ti-MCM-41 分子筛的合成、改性及其催化酯交换反应性能的研究［D］. 天津大学，2011.

［67］袁楚. MCM-41 介孔材料的制备、有机功能化改性及吸附性研究［D］. 武汉理工大学，2012.

［68］唐晓红，吴崇珍，韩春亮. H2SO4 和 Al_2（SO4）$_3$ 改性中孔分子筛 Al-MCM-41及其催化性能［J］. 硅酸盐通报，2012，（03）：575-80.

［69］闰明涛，张大余，吴刚. 介孔分子筛 MCM-48 的室温合成与表面修饰［J］. 无机化学学报，2005，（08）：1165-9.

［70］Ryoo R，Joo SH，Jun S. Synthesis of highly ordered carbon molecular sieves via template—mediated structural transformation［J］. JPhys Chem B，1999，103（37）：7743-6.

［71］曹小华，任杰，徐常龙，谢宝华，严平. $H_6P_2W_{(18)}O$（$_{62)}$/MCM-48 催化剂的制备、表征及催化绿色合成己二酸［J］. 石油学报（石油加工），2013，（02）：243-8.

［72］李子成，顾春丽，张爱菊. Al 掺杂对硅基介孔材料 MCM-41 结构的影响［J］. 石家庄铁路职业技术学院学报，2012，11（4）.

［73］Yonemitsu M，Tanaka Y，Iwamoto M. Metalion — planted MCM - 41 planting of manganese（11）ioninto MCM-41 by a newly developed template—ion exchange method［J］. Chem Mater. 1997，9（12）：2679-268.

［74］Badiei A，Bormeviot R. Modifieation of mesoporous silica by direet template ion exchange using eobalt complexes［J］. Inorg Chem，1998，37（16）：4142-5.

［75］Ryoo R，Joo SH，Jun S. Synthesis of Highly Ordered Carbon Molecular Sieves via Template—Mediated Structural Transformation［J］. Journal of Physicall Chemistry B，1999，103（37）：7743-6.

［76］Collart O，Voortp VD. Aluminum incooration into MCM-48 to ward the creation of bronsted acidity［J］. J Phys Chem B，2004，108（31）：11496-1150.

［77］Vinu A，Murugesan V，Ohlmann BW. An optimized proeedure for the synthesis of AlSBA-15 with large pore diameter and high aluminum content［J］. J

Phys Chem B，2004，108（31）：11496－1150.

［78］刘燕．功能化介孔材料的制备及其在金属污染物选择性分离与生物传感中的应用［D］．江苏大学，2011.

［79］Li FB，Li XZ. Photocatalytic properties of gold/gold ion－modified titanium dioxide for wastewater treatment［J］. Applied Catalysis A：General，2002，228：15－27.

［80］Jiang L，Fu HG，Wang BQ. Effects of Sn dopant on the photoinduced charge property and photocatalytic activity of TiO_2 nanoparticles［J］. Applied Catalysis B：Environmental，2006，62：282－91.

［81］刘国聪，董辉，刘少友．Al 掺杂 TiO_2 介孔材料的合成、表征和光催化性能［J］．中国有色金属学报，2011，（12）：3100－7.

［82］王露，刘孝恒，汪信．MCM－41 负载 Co_3O_4 复合超电容电极材料的电化学性能［J］．南京理工大学学报，2012，36（2）：253－358.

［83］Wang L，Liu XH，Wang X. Preparation and electrochemical properties of mesoporous Co_3O_4 crater－like microspheres as supercapacitor electrode materials［J］. Current Applied Physics，2010，10：422－1426.

［84］赵会玲，许胜，周建海，胡军，刘洪来．MCM－41 介孔材料负载金属的一步法合成及其对酯化反应的催化作用［J］．物理化学学报，2011，27（02）：499－504.

［85］苏赵辉，陈启元，李洁，刘士军．W 掺杂 SiO_2 介孔材料的制备与表征［J］．物理化学学报，2007，（11）：1760－4.

［86］蒋文娟．二氧化硅介孔材料的合成及其在药物缓释、贵金属纳米催化剂负载方面的应用研究［D］．扬州大学，2011.

［87］张四方，刘建春，任跃红，王振国，李军．酚醛树脂基介孔碳材料负载 Cu－Zn 催化合成碳酸二甲酯的研究［J］．天然气化工，2013，38：24－8.

［88］刘锐，陈倩芸，聂倩玉，詹新同，徐圆圆，程探宇，et al. 硅基介孔材料负载手性金属催化剂的研究进展［J］．上海师范大学学报（自然科学版），2013，（01）：98－105.

［89］Zhao DY，Feng JG. Triblock copolymer syntheses of mesoporou silica with periodic 50 to 300 angstrom pores［J］. Science，1998，279（5350）：548－52.

［90］Rukhsana IK，Ahmad I，Khan NH. Chiral Mn（III）salen complexes covalently bonded on modified MCM－41 and SBA－15 as efficient catalysts for enantioselectiveepoxidation of nonfunctionalized alkenes［J］. Catalysis Communications，2006，238（1）：134－41.

［91］Yolanda PE，Quintaulill DP，Fajardo M. Immobilization of titanium chiral alkoxides on SBA - 15 and modelling the active sites of heterogeneous catalyst using titanium silsesquioxanecomplexes [J] . J Mo Catal A Chemical, 2007, 271 (1 - 2): 227 - 37.

[92] Liu GH, Liu MM, Sun YQ. Mesoporous SBA - 15 - Supported chiral catalysts: preparation, characterization and asymmetric catalysis [J] . Tetrahedron Asymmetry, 2009, 20 (2): 240 - 6.

[93] Shen YB, Chen Q, Lou LL, Jiang S, Yu K. Asymmetric Transfer Hydrogenation of Aromatic Ketones Catalyzed by SBA - 15 Supported Ir (I) Complex Under Mild Conditions [J] . Catal Lett, 2010, 137 (1 - 2): 104 - 9.

[94] Liu X, Wang PY, Zhang L. Chiral mesoporous organosilica nanospheres: effect of pore structure on the performance in asymmetric catalysis [J] . Chemistry, 2010, 16 (42): 12727 - 35.

[95] Zhang HS, Jin RH, Yao H. Core — shell structured mesoporous silica: a new immobilized strategy for rhodium catalyzed asymmetric transfer hydrogenation [J] . Chem Commun, 2012, 48 (63): 7874 - 6.

[96] Deschne T, B TL, Widenmeyer M. Functionalization of MCM - 41 and SBA - 1 with titanium (iv) (silyl) amides [J] . J Mat Chem, 2011, 21 (15): 5620 - 8.

[97] Mayani VJ, Abdi SH, Mayani SV. Enantiomer self — disproportionation and chiral stationary phase based selective chiral separation of organic compounds [J] . Chirality, 2011, 23 (4): 300 - 6.

[98] Lou LL, Jiang S, Yu K. Mesoporous silicas functionalized with aminopropyl via co - condensation: Effective supports for chiral Mn (Ⅲ) salen complex [J] . Mesopor Mat, 2011, 142 (1): 214 - 20.

[99] Lacasta S, Sebastin VC, Casado C. Chiral Imprinting with Amino Acids of Ordered Mesoporous Silica Exhibiting Enantioselectivity after Calcination [J] . Chem Mater, 2011, 23 (5): 1280 - 7.

[100] Rafael AG, Grieken RV, Iglesias J. Synthesis of Chiral Periodic Meso-porousSilicas Incorporating Tartrate Derivatives in the Framework and Their Use in Asymmetric Sulfoxidation [J] . Chem Mater, 2008, 20 (9): 2964 - 71.

[101] Morell J, Chatterjee S, Klar PJ. Synthesis and characterization of chiral benzylic ether — bridged periodic mesoporous organosilicas [J] . Chemistry, 2008, 14 (19): 5935 - 40.

[102] Jin RH, Liu KT, Xia DQ. Enantioselective Addition of Malonates and β—

Keto Esters to Nitroalkenes over an Organonickel—Functionalized Periodic Mesoporous Organosilica [J]. Adv Synth Catal, 2012, 354 (17): 3265-74.

[103] Liu KT, Jin RH, Cheng TY. Functionalized periodic mesoporous organosilica: a highly enantioselective catalyst for the Michael addition of 1, 3—dicarbonyl compounds to nitroalkenes [J]. Chemistry, 2012, 18 (48): 15546-53.

[104] Baleizao C, Gigante B, Das D. Periodic mesoporous organosilica incorporating a catalytically active vanadyl Schiff base complex in the framework [J]. J Catal, 2004, 223 (1): 106-13.

[105] Wang P, Liu X, Yang J. Chirally functionalized mesoporous organosilicas with built—in BINAP ligand for asymmetric catalysis [J]. J Mater Chem, 2009, 19 (42): 8009-14.

[106] Seki T, Mceleney K, Crudden CM. Enantioselective catalysis with a chiral, phosphane — containing PMO material [J]. Chem Commun, 2012, 48 (51): 6369-71.

[107] 吴天斌，张鹏，杨冠英，韩布兴. 介孔 SiO_2 负载和包覆的纳米金属颗粒的制备与研究 [J]. 中国材料进展，2012，31 (1): 8-12.

第三章　介孔碳与电化学传感器

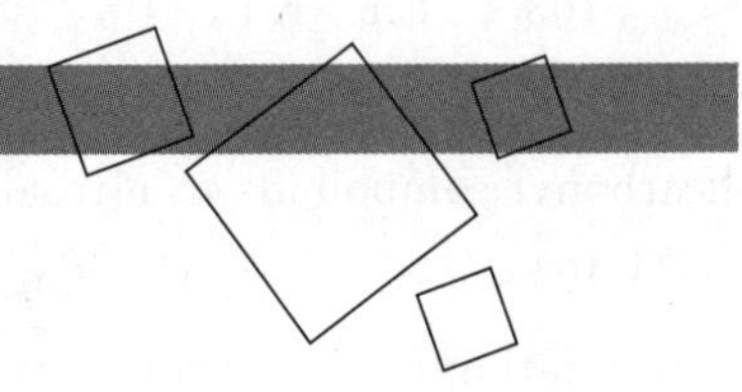

3.1　介孔碳的结构与性质

介孔碳材料（Mesoporous carbon materials，MCMs）是近年来发展的一类新型非硅基介孔材料[1]，其孔径尺寸范围在2～50nm之间，根据其孔道的规则性又分为有序介孔碳材料（Ordered mesoporous carbon materials，OMCs）和无序介孔碳材料。

无序介孔碳材料的孔道是无序排列，孔径分布一般较宽，制备相对简单。有序介孔碳材料有巨大的比表面积（可高达2500m^2 g^{-1}）和孔体积（可高达2.25$cm^3 \cdot g^{-1}$）[2]，有均一可调、规则有序的介孔孔道[3]，有良好的吸附能力和导电性，其骨架稳定、合成方法相对简单、无生理毒性。它广泛应用于催化[4]、能量储存[5]、传感器[6]、分离提纯、大分子吸附、色谱分析、药物递送以及纳米电子器件等领域[7-9]，成为跨学科的研究热点之一[10]。

近年来，介孔碳材料因受到人们的高度重视而得到迅猛发展，其合成方法也日渐丰富。无序介孔碳材料的制备首先要选择合适的碳前驱体，然后经物理或化学的方法形成介孔结构。无序介孔碳材料的合成方法主要有：（1）有机-无机复合材料的碳化；（2）两种聚合物混合物的碳化，为了形成碳骨架，把其中一种聚合物作为碳源，把另一种聚合物通过高温分解引入孔道结构；（3）以高分子聚合物的气凝胶为碳前驱体制备无序介孔碳；（4）硬模板法合成无序介孔碳材料，主要以二氧化硅材料作为硬模板，可以利用不同粒径和形貌的硬模板对介孔碳材料的孔径大小和孔结构进行精确地调控和剪裁。有序介孔碳的合成主要是通过硬模板法和软模板法[11]来合成的。若由硬模板法合成介孔碳的话，合成有序介孔碳材料的硬模板一般是介孔二氧化硅材料，这时介孔碳的介观结构受硬模板介孔氧化硅的结构控制，呈现出与介孔硅类似的介观结构（见表3-1所列），这限制了介孔碳介观结构的开发。若用软模板法合成介孔碳，由于各种反应参数（如表面活性剂的浓度、种类、时间、反应温度等）有差异，可合成不同类型结构的介孔碳材料。例如随着表面活性剂亲疏水体积比值（V_H/V_L）比例的增加，介观相的结构的所改变，从三维立方变化为二维六方，再变为三维双连续立方，最后到层状相。迄今用软模板法得到介孔碳材料的结构最常见的有六方结构、立方结构、层状结构和不规则结构。

表 3-1　硬模板法合成的典型有序介孔碳材料及其结构特征

Mesoporous carbon Materials	Room group	Hard template method	Room group	Precursor
CMK-1	$I4_1a$	MCM-48	Ia3d	sucrose，phenolic resin
CMK-2 CMK-4	cubic	SBA-1 MCM-48	Pm3n	sucrose
CMK-3	Ia3d	SBA-15/HMS	Ia3d	acetylene
CMK-5	P6mm	SBA-15	P6mm	sucrose/sucrose. Phenolic
N-OMC	P6mm	SBA-15	P6mm	vinyl cyanide，pyrrole
OMC（cubic)	Ia3d	FDU-5	Ia3d	sucrose，tetrol alcohol
OMC	--	FDU-12	Fd3m	sucrose
OMC（cubic)	Im3m	SBA-16	Im3m	sucrose，tetrol alcohol

3.1.1　六方结构（P6mm 空间群）

六方相结构最具代表性的介孔碳材料是 FDU-15，它属于 P6mm 空间群。不同 OMCs 样品的小角 XRD 衍射谱图如图 3-1 所示，不同的介孔碳材料样品在 $2\theta=0.8°$ 附近出现明显的衍射峰，这些衍射峰为六方相的（100）晶面的衍射峰，显示样品为有序的六方晶系介孔结构。从 OMCs 样品的氮气吸/脱附曲线图 3-2 可知，OMCs 样品氮气吸/脱附曲线为特征的 IV 型曲线，在 $p/p_0>0.4$ 处都出现明显的 H1 型滞后环，显示出介孔碳材料是六方形介孔孔道结构，具有规则形状、均一孔径的特征。

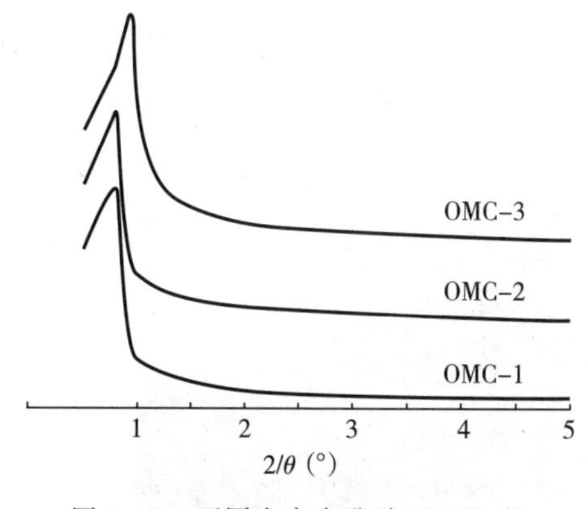

图 3-1　不同有序介孔碳 OMCs 的小角 XRD 谱图[12]

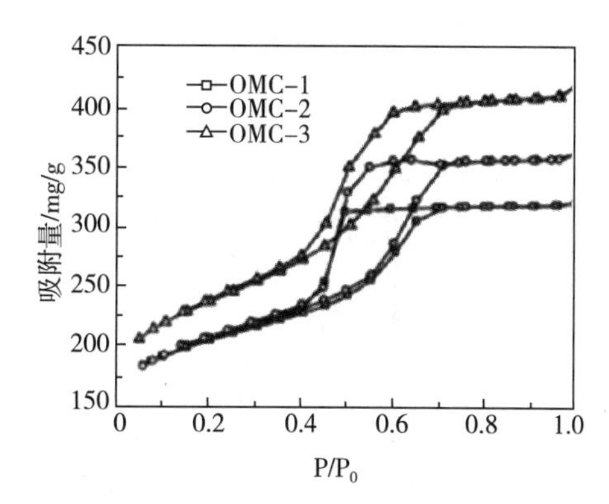

图 3-2　OMCs 样品的氮气吸/脱附曲线[12]

3.1.2 立方结构（Ia3d 空间群）

图 3－3 以蔗糖为碳源合成的双连续螺旋介孔碳（BGMC）的 XRD 图（A 左）和 TEM 图（A 右）（从上往下依次为沿［111］［110］［100］方向，左下角插图为各自对应的傅立叶变换衍射图）、（B）氮气吸附等温线[13]。

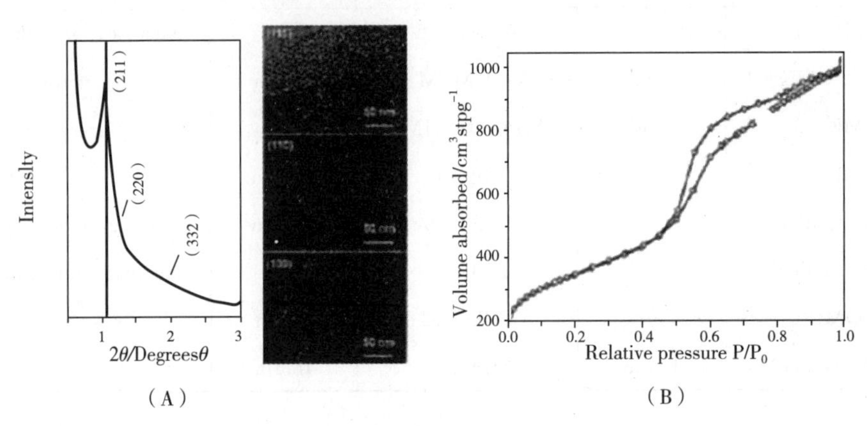

图 3－3　（A）以蔗糖为碳源合成的双连续螺旋介孔碳 XRD 和 TEM 图（B）氮气吸附等温线

FDU－14、FDU－18、FDU－16[14]是介孔碳材料中常见的立方相。从图 3－3 中 BGMC 的透射电镜（TEM）图和 X 射线衍射图（XRD）可以观察到具有三维高度有序且互相缠绕的纳米碳骨架结构的 BGMC，拥有完美的 Ia3d 空间群。其氮气吸附等温曲线呈现出典型 Langmuir IV 型吸附特性（图 3－4B），吸附曲线还显示出明显的毛细凝聚现象，可以说明 BGMC 具有孔径较大、孔径分布均匀的特征。

3.1.3 层状相（P2）

如图 3－4 所示，MCM－50[16]是常见的层状结构介孔材料，从小角 XRD 图上可以看到（100）、（200）、（300）晶面出现衍射峰，从 TEM 图则可明显观察到有层层堆积起来的片状材料。

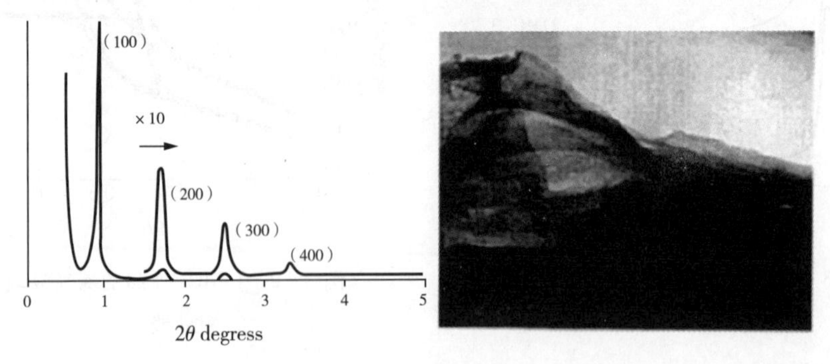

图 3－4　层状相小角 XRD 图和 TEM 图[15]

3.1.4 无序相

介孔碳材料除了有序介孔碳外，还存在一类无序介孔碳，其表现出孔道结构无序、孔径分布为较宽的介观结构，也具有高的比表面积和三维连通的孔道结构，一般也称为海绵状[17]或蠕虫状[18]。在 XRD 谱图上一般只出现一个低角度区的包峰。如图 3-5 所示，无序介孔碳材料的 XRD 图在 0.2nm^{-1}处出现一个小峰。

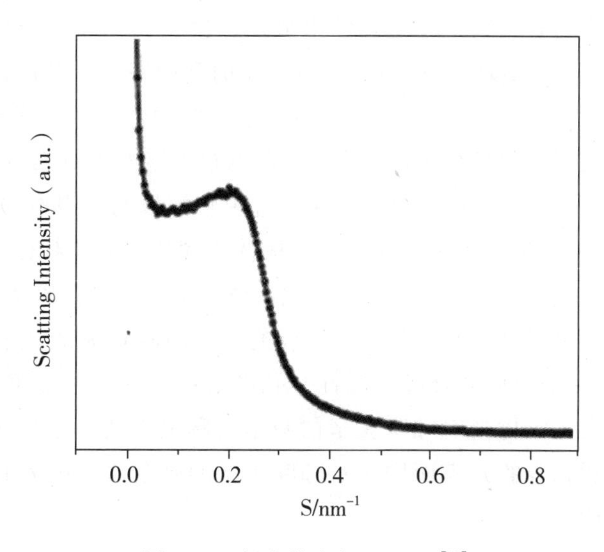

图 3-5 蠕虫状小角 XRD 图[18]

以上是介孔碳材料的部分常见介观结构，实际上还存在许多其他空间群或者相的介孔结构。介孔碳材料以其特有的性质与结构为介孔材料的研究和应用开辟了新的领域，受到人们的广泛关注。除此之外，通过控制介孔碳的孔径、形状、尺寸，调节介孔碳的结构，还可以功能化表面基团制备出独特的功能化介孔碳材料，使其在生物电化学、分离、催化等方面表现出与传统材料迥异的特性。

孔道结构会对介孔碳材料的电化学性能产生影响[19]，如赵海静等[12]以 F127 为模板剂，间苯二酚（R）和甲醛（F）为碳前驱体，以自组装的方法成功制备出 F127/RF 复合材料，再通过碳化处理得到高度有序的介孔碳材料（(OMCs)，对该有序介孔碳材料进行结构表征，并以其为电极制备超级电容器，结果显示，孔道结构对试样的阻抗具有一定的影响，孔道比表面积越高或有序度越高阻抗越小。由于介孔碳材料具有开放的孔结构和介孔特性，在吸附和扩散过程方面都显示出巨大的优势，已被用作环境净化材料来吸附染料分子和生物分子、处理汽车尾气、降解有机废物以及净化水质。崔祥婷等[20]以三嵌段共聚物 F127 为结构导向剂，甲基酚醛树脂为碳源，通过 EISA 的方法制备出有序介孔碳材料 FDU-15。用该材料吸附水相中对氯苯酚和对氯苯胺，结果显示其具有很好的吸附能力，在污染物浓度较低时显示出比活性炭更优越的吸附能力。Chen 等[21]以三嵌段共聚物 F127 为模板剂，用三组分共组装的方法制备出介孔碳-氧化硅纳米复合材料，研究了它对重金属离子 Cu（II）、Cr（VI）选择性吸附能力实验，结果显示氧化硅功能化的介孔碳材料表现出较强的选择性吸附性能。Vinu 等[22]以介孔材料 SBA－15 为模板剂，在不同的合成温度下成功制备出一系列不同孔径的介孔碳材料，研究了这一系列不同孔径介孔碳对细胞色素 C 的吸附性能。Raghuveer 等[23]通过一步硬模板的方法，以硅胶为模板剂，聚苯胺为膨胀剂，通过调节聚苯胺的浓度制备出不同介孔结构的介孔碳。其研究结果显示，比表面积高、介孔率高、孔径较大的介孔碳是理想的催化剂载体，它既可以提高 Pt 的利用率及分散性，还可以增加气液传输的速度。郭卓等[24]以 SBA－15 为模板剂，在不同的合成温度下制备出不同孔径的介孔碳材料，并研究了不同孔径介孔碳作为吸附剂在水溶液中对维生素 B_{12}（VB_{12}）的吸附性能。Wang 等[25]采用高温固化方法，通过脱除模板剂制得有序介孔碳材料 FDU－15，研究了介孔碳材料孔道性质演变以及前驱体浓度和涂覆量对孔道性质的影响，结果显示当前驱体浓度范围大、涂覆量高时可以制备出具有良好孔道性能的介孔碳材料。

田勇等[3]通过软模板法，以 F127 为模板剂，利用其较大的比表面积和孔容，以 $Fe(NO_3)_3 \cdot 9H_2O$为磁源成功合成了磁性介孔碳材料，并以吲哚美辛作为模型药物，研究所制备的磁性介孔碳材料对吲哚美辛的吸附及释放性能，结果表明，磁性介孔碳材料随着其比表面和孔容的升高而增大对吲哚美辛的吸附量，随着其孔径的增加而增加对吲哚美辛的释放速率。

与活性炭相比，介孔碳材料孔径更大，比表面积更高，导电能力更强，有望成为电化学方面较理想的电极材料。赵真真[10]成功制备了氮掺杂的有序介孔碳 N－OMC 并对高性能漆酶生物传感器进行了研究。电化学表征结果证明，N－OMC 修饰金电极具有良好的电化学性能，氮掺杂的介孔碳材料的电催化活性比纯介孔碳材料要高。Matsui 等[26]以共聚物 F127 和酚醛树脂低聚物作为碳源，以有机-有机自组装法合成了介孔碳材料，将不同结构的多孔碳作为模型材料，研究离子在双电层电容器的存储/释放行为。结果显示，有序介孔碳比无序介孔碳表现出优越的高比电容性能和充放电速度，而且阻抗数据清楚地表明，离子传输与介孔材料的远程有序度和孔通道长度相关。

介孔碳材料具有高比表面积、高电导率和良好化学惰性的特性，使得它成为制备高电化学活性催化剂的优异的载体材料。杨桦等[27]把介孔碳材料作为软模板，合成了规则的介孔碳纳米纤维，然后对其进行功能化，把铂纳米粒子负载上去制得铂催化剂，对该铂催化剂的电化学性质进行研究后发现这些铂催化剂对甲醇稳定，电催化活性明显增强，有望应用在电化学功能器件与燃料电池方面。

3.2 基于介孔碳的电化学传感器优点

电化学传感器在分析化学领域风生水起，利用介孔碳材料或功能化介孔碳材料为电极制备的生物和化学传感器也得到了广泛的关注。

以介孔碳材料制备电化学传感器的电极除了具有比表面积大、孔径均一可调、表面易于修饰、杂质少、活化工艺可控、骨架结构稳定以及孔道结构高度有序等优点外，它的化学性和热稳定性好、低毒以及表面易功能化也使它成为传感器电极材料关注的焦点。

单纯的有序介孔碳材料在电化学传感器领域的应用有限，通过化学或物理的方法对有序介孔碳材料的结构进行改性或表面功能化可以增强其电催化性能，拓宽其分析检测对象的范围，提高其对生物分子检测的灵敏度和选择性。有机功能化的基团和介孔碳材料的多孔特性为客体离子快速到达离子交换位点提供了条件，从而提高了检测灵敏度。Yang 等[28]制备的层次孔结构双功能碳负极材料因含有局域石墨微晶结构以及较大的中微孔结构，使其在电解液 $LiPF_6$/EC+DMC 和四乙基铵四氟硼酸盐/乙腈中均表现出良好的电化学性能。程静[29]以蔗糖作为碳源，CuOAc 作为改性物种，SBA－15 作为模板剂制备出一种新型的功能化介孔碳 CuO－OMC，并选用壳聚糖作为成膜材料组建了 CuO－OMC/Lac/Au 漆酶传感器。该漆酶传感器具有稳定性和重现性好、传感性能优越的特点，可以用于环境监测方面。Alfredo 等[30]制备了化学功能化有序介孔二氧化硅的第四种类型（MPS1－MPS4），把这种材料制成碳糊电极（CPEs），利用这种传感器采用吸附伏安法对水溶液中铅（II）离子进行测定，并对传感器进行了性能评估，结果显示传感器表现出优异的电极重现性和灵敏度，有较宽的线性范围和较低的检测极限。

电化学生物传感器是电化学传感器中非常重要的一类。它是将生物大分子之间的特异性结合直接或间接地转化为可检测电信号的一类传感器。在介孔碳的电化学酶传感器中，以介孔碳材料作为酶的载体材料有以下优点：

（1）介孔碳材料具有较高的导电能力和比表面积、规则的孔径、可调节的多孔结构等特点以及能够与黏合在其表面的蛋白质很好地相容，不会使蛋白质出现污染、排斥或发生变性等现象，给蛋白质提供良好的生物微环境。

（2）介孔碳材料中的气孔直径、弯曲性能以及容积都很好。这是因为气孔形态对黏合生物活性蛋白质的表面积、气孔内气体和液体的扩张系数、生物催化剂、亲和配位体和酶的表面活性等有直接影响。

（3）介孔碳复合材料表面存在如羟基、羧基、氨基等多种亲水基团以及一些突出于表面的孤立芳香环。这些化学基团有可能深入酶活性中心，从而实现其与酶活性中心的电子导通，具有分子导线的功能并能有效固定酶[31,32]。另外，介孔碳材料表面的亲水基团使之更易于在水溶液中分散，且分散后的介孔碳材料不容易再团聚，因此很适合作为具有高比表面积的三维固酶载体[33]。

用介孔碳材料固定酶可以增加酶的热稳定性及存储时间，方便对酶进行分离和重复利用和对各种试剂的稳定性，提高对酶的利用率，以及延长传感器的使用时间。赵真真[10]成功地制备出掺杂氮原子的有序介孔碳 N－OMC 以及掺杂海因环氧树脂的有序介孔碳 EOMC，并用聚乙烯醇作为成模剂，合成出 N－OMC＋Lac/PVA/Au 电极与 GOMC＋Lac/PVA/Au 电极。他还发现 N－OMC＋Lac/PVA/Au 电极同 GOMC＋Lac/PVA/Au 电极相比显示出更优越的传感性能。此外，N－OMC＋Lac/PVA/Au 漆酶传感器表现出较好的综合性能，优良的重现性和稳定性，明显提高了选择性并降低了检测限。库里松等[34]以壳聚糖以及介孔碳氮材料作为固定漆酶的载体，用物理方法将固酶复合物滴涂在裸玻碳电极表面，烘干后制备出介孔碳氮材料-壳聚糖固定漆酶修饰电极。结果表明，此电极的漆酶活性中心通过直接电子转移与电极进行交流，不需要任何电子中介体，而且即使在较高的电位下也可以实现氧气的电还原，对氧的传感性能表现良好；除此之外，该漆酶电极具有重现性好、长期稳定性优异、灵敏度高、检测限低、对氧亲和力好等优点，但存在热力学稳定性较差的缺点。

正是由于漆酶传感器具有简便、快速、灵敏、准确以及稳定性较好等优点，可以重复使用几十次甚至几百次。因此，它被广泛应用于发酵过程、临床诊断以及化学分析等方面。因漆酶传感器具有良好的选择性、敏感性和宽线性范围，并随着时间的延长表现出更好的稳定性，因此它可用来大范围监控污染物，比如用漆酶传感器可方便快速地检测废水中的酚类、芳香胺类、有机磷化合物以及二噁英等有毒物质[35]。

近年来国内有关介孔碳用于电化学传感器方面的研究成果有：陈洪渊等[36]以壳聚糖作为交联剂，按照层层自组装法将比表面积为 $1060m^2g^{-1}$、孔体积为 $1.1cm^{-3}$ 的介孔碳材料 CMK－3 与血红蛋白形成的多层膜固定在玻碳电极 GC 表面得到修饰电极，并研究了该修饰电极对过氧化氢的电催化效应。刘玲[37]以 Nafion 为分散剂，将有序介孔材料 OMC 和介孔四氧化三钴的悬浊液滴涂在玻碳电极 GC 上烘干，成功制得了 OMC/Co_3O_4/Nafion/GC 修饰电极。通过比较分析水合肼在该修饰电极的电化学氧化行为，得出该修饰电极对水合肼的催化效果较好、灵敏度较高、线性范围较大、检出限较低，并且其有望成为检测水合肼的电化学传感器。Kim 等[38]将介孔碳泡沫作为固定葡萄糖氧化酶的载体，成功制备出一种新型的葡萄糖生物传感器。由于介孔碳泡沫材料的介孔孔道有利于负载酶分子而微孔孔道有利于传递介质，因此它比以聚合物制备的生物传感器响应更快、检测灵敏度高、催化活性强。张鑫[39]以介孔碳材料作为载体，通过浸渍的方法将肌血蛋白质负载到介孔碳材料中，并对固定后蛋白质的可逆直接电子转移行为以及其生物电催化活性进行了研究。实验结果表明，介孔碳材料能够有效地促进血红蛋白与电极间的电子转移，固定化血红蛋白显示了较高电催化响应。上海师范大学贾能勤[40]小组研究了多巴胺和抗坏血酸在介孔碳修饰电极上的电催化和电化学行为，结果显示，相比于玻碳电极，在抗坏血酸存在的情况下介孔碳电极对多巴胺表现出较高的灵敏度和选择性，有较快的电子转移速度和高响应电流。Sun 等[41]

把介孔二氧化硅修饰在碳糊电极的表面（CPE），与未改性的 CPE 相比，介孔硅改性的 CPE 明显降低了对氨基苯酚的氧化电位，其氧化峰电流显著增加，成功地开发了一种敏感、快速、方便的氨基苯酚电分析方法，可用于测定含氨基苯酚水样。

含介孔碳的电化学生物传感器选择性好、灵敏度高、导电性好、检测分析速度快、操作简便、适于联机化、可实现在线、活体分析[42-46]。其制作成本低、使用方便、重现性好、适合批量生产，已引起了人们广泛的关注。除此之外，有序介孔碳薄膜本身又可以为蛋白质提供适宜的微环境，使蛋白质在其中既能保持其原有的构象，又容易与电极交换电子，能够更好地保持其生物催化活性，已在临床检测、药物分析、工业分析、食品分析和环境监测等方面表现出广阔的应用前景[47]。

3.3　介孔碳电化学传感器制备与应用

由于介孔碳及其功能化复合材料具有巨大的比表面积和孔容积、均一可调的介孔孔道[3]、易调控的介孔结构、可控的形貌、均匀的孔径分布、有良好的导电性和生物相容性，这样的介孔碳材料及其功能化后的复合材料对于电化学传感器的发展具有非同一般的意义。可以通过化学或物理方法将一些氧化还原蛋白质（如葡萄糖氧化酶、血红蛋白等）固定到介孔碳的孔道内，从而在保持氧化还原蛋白质生物活性的基础上实现对一些生物小分子的检测。

尽管有序介孔碳材料在电分析化学领域的研究起步较晚，但近年来国内外有关有序介孔碳材料在电化学传感器方面的研究和应用发展较快。Wang 等[48]通过一步化学还原法合成了纳米金粒子功能化的介孔碳材料，将其用作葡萄糖氧化酶的载体固定在玻碳电极表面，构建出新型无媒介体的葡萄糖生物传感器，发现其对抗坏血酸 AA 和尿酸 UA 的测定无干扰。杨霄[49]首先利用有序介孔碳（OMC）制备出 OMC 修饰的玻碳电极，以离子液体 1-丁基-3-甲基咪唑四氟硼酸盐（$BMIMBF_4$）为溶剂，然后与纤维素季铵盐-金纳米粒子（Au@QC）一起对血红蛋白进行包埋固定。因为制备出的 Au@QC－$BMIMBF_4$/OMC复合膜不仅能够固定血红蛋白，而且可以使血红蛋白保持良好生物活性，实现了血红蛋白直接电催化反应。作者通过研究该复合膜制备的修饰电极 Hb/Au@QC－$BMIMBF_4$/OMC/GCE 对 H_2O_2 的电催化行为，发现其对 H_2O_2 具有良好稳定的催化活性，由此成功制备出一种新型无须媒介体的生物传感器。复旦大学的游春苹[13]制备出了不同有序维度的介孔碳材料和 GO_x/CMM 修饰电极，并研究了电极的生物电化学特性，结果显示 GO_x/CMM 修饰电极所制作的生物传感器对葡萄糖催化响应迅速、检测灵敏度高、线性响应范围宽，并且三维有序的介孔碳材料的蛋白质负载能力比二维有序的介孔碳材料要大。

3.3.1 介孔碳修饰电极

与其他介孔材料（比如介孔硅）相比，有序介孔碳本身就是导体，具有较好的导电性。由于其孔道排列规则有序，电解质离子能够在介孔碳孔隙中自由迁移并因此减弱了电容分散效应，能较快地形成双电层，从而具有较强的充放电能力[50,51]，显示出优异的电化学电容性能。因制备介孔碳材料的原料来源丰富、生产工艺比较成熟、价格也相对低廉，这使得有序介孔碳成为一种新颖实用的电极材料。

介孔碳修饰电极主要制备方法如下：

（1）通过将介孔碳材料直接分散到某种溶液中吸附饱和后，离心分离得到负载该介质的介孔碳材料，然后与成膜材料混合均匀后再滴加到电极表面，烘干后即得介孔碳修饰电极。Dai[52,53]等按照这种方法，首先将介孔材料六方型 HSM 分别固定吸附肌红蛋白 Mb、血红蛋白 Hb，然后与一定量的 3%聚乙烯醇（PVA）溶液均匀混合，最后将该混合物滴涂到玻碳电极表面，烘干后构建 HSM/Mb/PVA 等酶生物传感器，该传感器可用于高灵敏的检测过氧化氢（H_2O_2）、NO_3^-。侯莹[2]以蔗糖作为碳源，以 SBA-15分子筛作为模板剂，制备出有序介孔碳材料 OMC；同时通过将加入一定量硝酸钴的乙醇溶液离心、碳化后，成功制备出掺杂钴氧化物的有序介孔碳材料 OMC-Co。然后将上述制备的两种介孔碳材料分别分散在 Nafion 溶液中，将形成的分散液分别滴加到裸玻碳电极表面，则在电极表面均形成一层均匀的复合膜，分别为 Nafion-OMC 与 Nafion-OMC-Co。通过比较研究还原型谷胱甘肽（GSH）在这两种电极上的电化学行为，可知 Nafion-OMC-Co 复合膜氧化 GSH 的催化活性较好，完成了 OMC-Co/GC 对 GSH 高灵敏的定量测定。东北师范大学周明等[54]采用硬模板法制备出有序介孔碳 OMC，将 OMC 分散在水和 Nafion 的混合溶液中，将此悬浊液滴涂在玻碳电极 GC 上，干燥后得到 OMC/GC 修饰电极，研究半胱氨酸 CySH 在有序介孔碳修饰电极上的电化学行为，检测发现检出限在 pH 为 2.00 时达到 $2.0 nmolL^{-1}$，让 OMC/GC 构成一种高灵敏的 CySH 电化学传感器成为可能。

（2）将介孔碳材料与石墨相互混合成碳糊电极。碳糊修饰电极具有方便、廉价、易于表面更新的优点，是一种合适的介孔碳材料与电极结合方法。Zhu 等[55]制备出有序介孔碳糊电极，并研究了其对很多氧化还原物质（如氨基酸、尿酸、还原型烟酰胺腺嘌呤二核苷酸、多巴胺、环氧树脂和过氧化氢）的电催化行为，同时将该碳糊电极通过固定葡萄糖氧化酶制备了葡萄糖生物传感器。

（3）通过介孔碳材料与溶解聚合物形成的介孔碳材料/聚合物悬浮液在电极上成膜，溶剂挥发后，聚合物包埋介孔分子筛，并保持在电极上。修饰电极因介孔碳具有较大的比表面积、排列有序的孔径和良好的导电性，能促进电活性物质在孔道内快速的迁移和电子的传递，并可以进行选择性催化。刘琳[56]首先将玻碳电极 GC 用 Al_2O_3

在麂皮上抛光成镜面，用二次蒸馏水进行超声清洗，然后利用有序介孔碳（OMC）与二甲基甲酰胺（DMF）得到均一的 OMC－DMF 分散液，接着将该分散液滴加到处理好的玻碳电极表面，并红外烘干得到有序介孔碳修饰电极 OMC/GC。

（4）将介孔碳及其复合材料与导电颗粒物（比如氧化锡粉等）相互混合，得到掺杂颗粒物的碳复合材料，利用黏合剂固载到电极表面。Fan 等[57]以硬模板法制备出介孔碳，为了制备出高性能的锂离子电池负极材料，将氧化锡粉掺杂到介孔碳材料的三维空间内，成功制得掺杂锡的碳复合材料，该材料有效地克服了锂离子嵌入后发生的体积变化以及锂-锡合金粒子之间的聚集问题。

（5）采用电沉积法、化学原位聚合法、离子交换等方法将介孔碳材料沉积到电极表面。Zhang 等[58]以介孔碳 CMK－3 作为载体，以化学原位聚合法制备出新型的聚吡咯/介孔碳（PPy－CMK－3）纳米复合材料，以该材料为正极、介孔碳材料 CMK－3 为负极、$NaNO_3$溶液为中性电解液，组成 PPy－CMK－3/CMK－3 电化学混合电容器，测试结果表明该电化学混合电容器具有良好的超级电容性能：优异的充放电效率、易活化、良好的循环稳定性能。刘燕[59]以纳米级介孔材料 NiMCM－41 为固定酶的载体，通过电沉积法制备了介孔材料固载辣根过氧化物酶 HRP 的化学修饰电极，加入对苯二酚电子媒介体后，制得了 HRP 第二代生物传感器，为以后采用电沉积法构建介孔材料固定化酶生物传感界面提供了借鉴。刘玲[37]利用双核磺化酞菁钴 bi－CoPc 以及双十二烷基二甲基溴化铵 DDAB 作为阳离子交换剂发生的离子交换作用，首次成功制备出一种新型的有序介孔碳 OMC 复合物修饰电极 bi－CoPc/DDAB/OMC/GC。电催化性能优异，有可能用于生物传感器、生物燃料电池、环境传感器等领域。芦宝平[60]通过电化学聚合法将中性红修饰到介孔碳上，首次制得聚中性红/有序介孔碳复合电极 PNR/OMC/GCE，电极检测结果表明，该复合电极对半胱氨酸、烟酰胺腺嘌呤二核苷酸（NADH）、巯基乙醇这三种物质表现出快速的响应、较高的灵敏度、良好的催化作用以及较高的稳定性，PNR/OMC/GCE 电极有可能成为检测半胱氨酸、NADH、巯基乙醇等物质的电化学传感器。

电极表面修饰了某种具有特定的化学官能团后，除了介孔碳本身具有较大的比表面、排列有序的孔径、良好的导电性、能促进电活性物质在孔道内快速移动和电子传递的特点外，电极还具备某些特定的选择性催化和电化学性质，让某些所期望的反应在修饰电极上有选择性的发生。因此，这种介孔碳修饰电极可以极大地提高定量分析的灵敏度和选择性，扩展了电化学的研究领域，为化学和相关边缘学科（如生命科学、环境科学、能源科学、分析科学、材料学以及电子学等）开拓了广阔的空间。

介孔碳和功能化介孔碳材料修饰电极用于电化学传感器方面正越来越受到人们的关注。东北师范大学化学学院郭黎平课题组以 Nafion 为分散液，将有序介孔碳 OMC 应用到电极上，制得有序介孔碳修饰（OMC/GC）电极，通过对多巴胺[40]和 L－色氨酸[61]这两种生物活性物质在有序介孔碳修饰电极上的电化学效应研究，给人们提供了关于介孔碳在电化学传感器方向的应用和研究的思路。Ramasamy 等[62]首先制备出二茂铁衍生化的有序介孔碳材料，然后用该材料成功制作出染料敏化太阳能电池对电极，为提高以铂为对电极的染料敏化太阳能电池的光伏性能开辟了一条新的途径。Wang 等[63]以 FDU-5 为模板剂，制得了三维介观结构的有序介孔碳，将有序介孔碳作为锂离子电池的阳极材料进行性能测试，发现效果比较理想。侯莹[2]利用无机模板技术，以蔗糖作为碳源，制备出一系列不同孔径的介孔碳材料 OMC-x（x=0.6、1.25、3），结果显示 x 越低，对应的介孔碳 OMC-x 修饰电极作用在对苯二酚上，使其电子转移速率更快、电化学性质更好，这使得 OMC-0.6/GC 修饰电极作为检测对苯二酚的电化学传感器成为可能。除此之外，侯莹[2]还以 Nafion 为分散剂制备了掺杂钴氧化物的介孔碳修饰电极 OMC-Co/GC，相比于有序介孔碳修饰电极 OMC/GC，OMC-Co/GC 电极具有重现性和稳定性较好的特点，并且因有序介孔碳中嵌入一定量的钴氧化物，导致还原型谷胱甘肽在电极 OMC-Co/GC 上的氧化峰电流明显增大，使得该电极有望应用于实际检测。东北师范大学 Ndamanisha 等[64]制备出一种新型的掺杂二茂铁的介孔碳复合材料，以聚乙烯醇为分散剂制备成修饰电极，将该修饰电极用于尿酸检测，研究表明其对尿酸检测非常灵敏。刘琳[56]利用硬模板法制备出 OMC 并得到有序介孔碳修饰电极（OMC/GC），然后对同分异构体邻、间、对硝基苯酚（O-NP、m-NP、p-NP）进行电化学测量，研究结果显示，有序介孔碳修饰电极可以极大地提高其检测灵敏度，这使得该方法用于检测实际水样中的硝基苯酚的同分异构体成为可能。Zhang 等[65]基于 Pt 纳米粒子/有序介孔碳（Pt/OMCs）改性玻璃碳电极（GC）制备出一个新颖的 6-苄氨基嘌呤（6-BA）的电流型传感器，运用 Pt/OMCs 电极检测给出了一个更宽的线性范围和较低的检出限，与其他改性电极相比，Pt/OMCs 纳米复合电极表现出良好的电催化活性，对 6-BA 的检测具有稳定性和可重复性高的特点，它已成功应用于 6-BA 实际样品的测定。

生物活性物质的电催化过程有着高度的复杂性，将介孔碳材料与电化学相结合，可以构建全新的分析体系，有效地检测生理生化物质。

3.3.2 介孔碳阵列

介孔碳阵列材料具有高度有序的孔道结构，较大的孔径且孔径分布均匀有序，此外，有序排列的阵列结构，既会增加介孔碳材料的比表面积，也会提高其导电性，同时材料中的阵列窗口既可以提供大的储存空间又可以作为电解液离子渗透和传输的通道。近年来，介孔碳阵列的合成及其应用引起了人们越来越多的关注。

1. 介孔碳阵列的合成

介孔碳材料具有均一可调的介孔（2~50nm）孔道，规则有序的孔道结构成为电化学领域的理想材料。有人[66]采用化学气相沉积法（CVD）制备介孔碳及其阵列，比如制备 CMK－5 六角排列的碳空心管阵列，以乙烯气体作为碳前驱物，使用含钴的 SBA－15 分子筛作为模板剂，升温至 700℃反应一段时间后，用一定浓度的氢氟酸溶解模板得到了该阵列。吴雪艳等[67]利用超临界 CO_2 干燥技术，在玻璃片、硅片上制备出自支撑的排列有序的介孔碳纳米线阵列，该阵列材料可用于传感器、电池电极以及超级电容器等领域。有人[68]采用模板法等合成介孔碳阵列，这就要求用作制备介孔碳阵列的模板具有孔道大小均匀且排列有序、稳定的结构，比如合成六方的介孔碳 CMK－3 要求以二维孔道的 SBA－15 作为硬模板，因为 SBA－15 分子筛的孔壁上含有微孔，CMK－3 完全充满 SBA－15 的微孔孔道而形成具有二维六角排列结构的碳纳米棒阵列，假如以二维孔道的 MCM－41 作为模板，因 MCM－41 的孔道是直的并且互不连通，当使用酸液或高温去除模板时就会使合成的介孔碳发生坍塌，导致该介孔碳材料的结构为无序的碳柱或碳棒而得不到介孔碳阵列。也有人用尺寸均一的氧化硅纳米小球将均匀分散的碳纳米颗粒包裹其中，然后使用高速离心、分离的方法将其组装成具有介孔孔隙结构的新型有序超晶格阵列材料。然而这种制备方法要求所用介孔碳材料的介孔尺寸、形貌均匀，因为均匀度不够的纳米小球可导致硬模板中缺陷过多，无法形成三维有序的阵列结构。

人们对介孔碳阵列材料的研究已有相关报道，史克英等[69]利用三维体心立方结构的 SBA－16 介孔膜为模板沉积金属铁到 SBA－16 分子筛的中孔里，然后以金属铁为催化剂在高温下生长出有序排列的碳纳米管，以该碳纳米管为模板，用二次电沉积法成功制备出高度排列有序的填充铁的碳纳米管阵列。观察 TEM 图，可观察到具有单晶结构的铁。

复旦大学叶林[70]以硅基阵列作为硬模板法，采用湿法浸渍以及溶剂挥发的方法成功制备了三维有序介孔金属骨架结构材料，并发现合成出的骨架结构材料比无介孔结构的材料表现出更好的稳定性和电化学活性。

王小宪等[71]以三嵌段共聚物表面活性剂 P123 作为结构导向剂及碳源，采用浸渍-提拉法使溶胶沉淀在硅片上，在室温下获得表面活性剂/氧化硅的复合原膜 PSM，通过氧化、碳化、酸洗除氧化硅模板后最终得到由类纳米碳管阵列组成的定向介孔炭膜，该有序介孔碳分子筛膜材料含有有序取向的阵列结构，且孔径均一，膜材料表面光滑致密，没有裂纹。Yokoi 等[72]成功制备出掺杂氧化硅纳米小球的三维有序阵列材料。

车倩等[73]以聚苯乙烯球阵列作为硬模板，利用酚醛树脂乙醇溶液作为碳源，采用有机-有机自组装方法，通过乙醇溶剂挥发以及碳化后处理法制得三维有序介孔碳球阵列材料，并将该材料作为超级电容器的电极材料，研究结果显示该材料表现出良好的倍率特性和电化学行为，这是因为碳球阵列的阵列结构与介孔孔道高度有序结合起来，增大了电解液进入材料的入口，也更易于电解液在材料中的流动、存储，同时降低材料的内阻。

复旦大学刘海晶[74]以含有三嵌段共聚物的酚醛树脂的乙醇溶液作为碳前驱体，以P123作为软模板，三维大孔氧化硅作为硬模板，采用两步模板法合成出三维有序介孔碳球阵列，通过对该材料的电化学性能测试可知该材料的表面比电容远高于活性炭，其循环性能、倍率性能也比活性炭有较大提高，可以看出这是一种具有发展前途的储能碳材料。

Xia等[75]采用硬模板法，以酚醛树脂预聚体和三嵌段共聚物P123为碳源，通过自组装法在阳极氧化铝膜AAO的孔道中有效地制备出介孔碳纳米线阵列，结果显示这些纳米线阵列材料排列规则有序，电化学电容性能表现良好。

2. 介孔碳阵列的应用

(1) 催化剂载体中的应用

尽管沸石类分子筛是化工工业重要的催化剂和催化剂载体，但由于其孔径小而限制了它在大分子催化和吸附方面的应用。介孔碳材料具有较大的孔径和比表面，这就可以使负载的催化剂或具有催化性能的官能团高度分散，反应物就能够迅速在其表面扩散，使得某些较大烃类分子进行烷基化、异构化等催化反应成为可能。除此之外，介孔碳材料具有组成灵活的特点，可以在该材料骨架中掺杂一些氧化还原剂（如金属、氧化物），也可以在介孔碳上负载催化剂，让介孔碳阵列材料成为催化剂或者催化剂的优良载体。Joo等[57]报道了以六角排列的碳空心管阵列CMK-5作为载体成功制备出铂纳米颗粒，这种新颖的铂纳米颗粒表现出较高的分散性能。

(2) 模板材料

由于介孔碳阵列排列规则有序，可以作为合成其他介孔材料的二次模板合成孔材料。Yang等[76]用二维六角排列的碳纳米棒阵列CMK-3作为硬模板，制备出ZSM-5沸石新型催化材料，该材料具有超微孔特性。Jiang[51]用FDU-5作为软模板，合成出具有三维结构的有序介孔碳，把它作为阳极材料应用于锂离子电池中，也取得了较理想的效果。

(3) 介孔碳阵列在吸附和分离载体方面的应用

虽然活性炭是常用的吸附剂，具有较高的比表面积，但它存在大量的封闭微孔以及无序的孔连接，比表面积利用率较低、吸附容量低、再生困难，这使得它在吸附分离方面受到影响。介孔碳阵列材料具有较大孔径（2～50nm），可以容纳体积较大的有机分子或基团，孔形状和大小均一的特点有利于传质，孔径可大范围内连续调节以及无生理毒性的特点使其非常适用于酶、蛋白质等的固定和分离，另外介孔碳阵列高度有序的孔道结构本身具有一定的选择性吸附功能，而且孔道还保持良好的通透性，这使得它在吸附大分子（如聚合物、染料、药物和生物大分子等）方面具有十分突出的优势。

(4) 电极材料

介孔碳阵列可直接用做电极，这是因为介孔碳具有规则有序的孔结构，孔径较均一，离子和电子导电性能良好，功率优势突出，且独特的催化性质能够为电子传递提供合适的环境。像合成的碳空心管阵列，由于其独特的中空结构以及阵列间的窗口、良好的导电性和大的孔径尺寸，使其在无机、有机和新型离子液体电解液中都具有很高的表面利用率、突出的倍率性能和循环性能，这就使它成为生物传感器和超级电容器理想的电极材料，从而成为研究的热点之一。刘海晶[74]以主要成分为碳酸钙的天然生物螃蟹表壳作为硬模板，碳前驱体为酚醛树脂，表面活性剂为P123，通过软模板自组装法，用盐酸除去蟹壳模板成功获得具有高度有序介孔碳纳米线阵列（MCNAS）的材料，并将其应用于超级电容器的电极材料中，其表现出了良好的电容行为，具有一定的应用前景。

介孔碳阵列材料的优良性能使得其在环境、催化、新型材料组装、能源等领域具有广阔的应用前景，有望满足更高、更广泛的需要。随着科研工作的深入，介孔碳阵列材料将在材料科学等领域中发挥重要的作用。

3.3.3　自组装介孔碳电极

前面3.1节已经介绍了介孔碳材料修饰电极的具体操作方法。而自组装介孔碳电极就是先采用自组装法制备出介孔碳材料，然后再用3.1节已述的方法把制备出的介孔碳材料修饰在电极上。

以低分子量的酚醛树脂作为碳源，三嵌段共聚物（如P123、F127）作为模板的协同自组装合成路线最近已被大量应用于工业生产方面，其表现出极强的优越性能——简单、重复性好，并且制备出的不同结构的介孔碳材料和介孔聚合物应用在高科技等领域，前景广阔[77]。图3-6是采用自组装法合成的介孔碳材料示意图，目前采用自组装法合成介孔碳材料的文献很多。为了使介孔碳材料的合成满足工业应用，复旦大学赵东元等[78]以预聚的酚醛树脂寡聚物作为碳前驱体，三嵌段共聚物PEO-PPO-PEO作为表面活性剂，采用有机-有机自组装法，通过挥发掉溶剂，高温或酸液下除去模板剂后经碳化处理得到了一系列不同介观结构的介孔碳和介孔聚合物，由于两种物质的单层氢键作用使得共组装得以成功。

Brinker等[79]首次提出溶剂挥发诱导自组装合成法（EISA），这种方法以酸性的醇溶液而不是水溶液作为反应介质，通过挥发掉从溶液中拉起的基片表面的醇溶剂，诱导表面活性剂与硅酸盐低聚合体两者之间进行协同自组装作用和缩聚作用，最后得到规则有序的类液晶相，从而获得了高质量的有序介孔薄膜。

Meng等人[80,81]运用有机-有机自组装的方法（这种方法以三嵌段聚合物等作为模板剂），采用挥发溶剂诱导有机-有机自组装法，制备出结构高度有序的介孔碳，通过调控聚环氧乙烷/聚环氧丙烷的嵌段比例、碳源/模板剂的含量，制备出一系列不同介观结构的介孔碳和介孔聚合物，实现了从层状相向面心立方（FDU－18)、三维体心立方（FDU－16)、二维六角（FDU－15)、三维双连续（FDU－17、FDU－14）介观结构的转变。

Zhang 等[82]以 PEO－b－PMMA－b－PS 作为模板剂，酚醛树脂作为碳源，通过挥发溶剂诱导有机-有机自组装法（EISA）合成出高度有序的介孔碳材料，发现在去除聚甲基丙烯酸甲酯的过程中，材料孔壁上出现因大量热分解而产生的微孔和介孔。

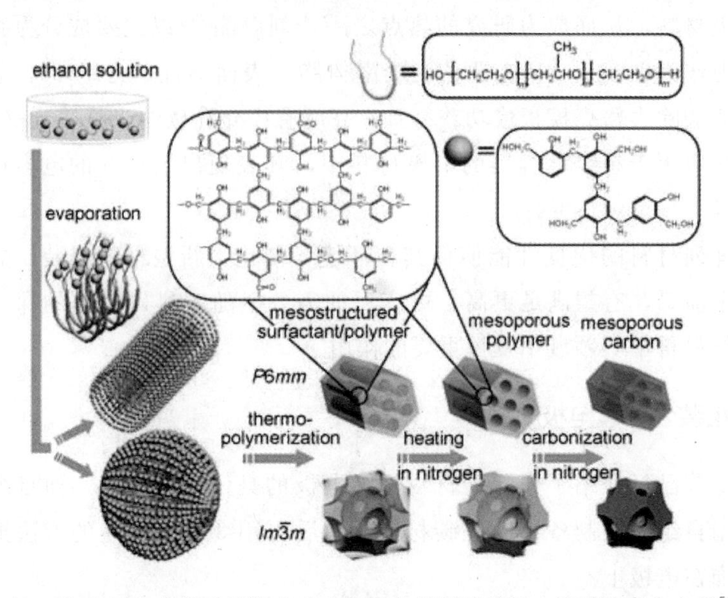

图 3－6　采用有机-有机共组装合成介孔高分子及碳材料，该图片来自文献[80]。

关于自组装介孔碳电极的制备及应用的研究已有相关文献报道，钱旭芳[83]以 P123 为结构导向剂，苯酚、甲醛、对氟苯酚为有机前驱体，利用直接三嵌段共聚物模板法通过有机-有机自组装，经高温碳化制备出含 C－F 键的高度有序介孔碳材料。把介孔碳和 N，N－二甲基甲酰胺（DMF）悬浮液滴到预处理的铂碳电极上，在红外灯下干燥得到介孔碳修饰电极，然后进行电化学性能测试，结果显示与纯介孔碳 FDU－15 和裸电极相比，含 C－F 共价键的介孔碳修饰电极表现出更高的电子传递速率，这使得氟功能化的介孔碳修饰电极在电催化方面将具有广泛的应用前景。

复旦大学王金秀[84]采用磷酸三甲苯酯作为磷前驱体，醇酸树脂作为碳前驱体，三嵌段共聚物 F127 作为表面活性剂，利用有机-有机共组装的方法合成了具有大孔孔径的 P 掺杂的介孔碳。用 P 掺杂的介孔碳作为锂离子电池的负极材料进行电化学性能测试，结果显示相对于未掺杂的介孔碳，P 掺杂后的介孔碳表现出明显的电容容量的提高。

钱旭芳[83]以水溶性和醇溶性的甲阶酚醛树脂为碳源，“酸碱对” $TiCl_4$ 和 Ti $(OC_4H_7)_4$为钛源，以三嵌段共聚物 P123 为模板，结合有机-有机自主装法和“酸碱对”法合成出有序介孔 C－TiO_2纳米复合材料（MCTs)，将该材料修饰在电极上并负载具有氧化还原性的活性铁蛋白，对其进行生物电化学测试，结果显示该材料具有良好的生物电催化活性以及与蛋白质生物相容的微环境，该复合材料在生物传感器、染料敏化太阳能电池和光催化等方面有潜在的应用前景。

北京化工大学的赵海静等[12]用有机-有机自组装法，以甲醛和间苯二酚为碳前驱体，以 F127 作为结构模板剂，经过盐酸酸化和碳化处理，通过自组装合成出有序介孔炭材料 OMCs，以有序介孔炭材料修饰电极制备出超级电容器，通过对其电化学性能进行测试，发现孔道结构越高度有序，对超级电容器电化学性能表现越好。

3.3.4　介孔碳传感器的光谱表征

为了表征介孔碳传感器的性能、成分、结构及相互之间的关系和变化规律，研究各种结构、成分、性能的介孔碳材料的不同特点，有必要用各种现代测试方法技术探测各种指标。由于介孔碳传感器是以介孔碳材料和功能化介孔碳材料作为电化学传感器的电极材料，因此介孔碳传感器的光谱表征可以通过对介孔碳及其复合物修饰电极的表征来体现出来。

介孔碳材料的表征手段有多种，常用的有以下几种：

1. X-射线晶体衍射法（XRD）

固态结构可有效通过 X 射线晶体衍射法表征，X-射线晶体衍射法可以分为小角 X 射线衍射（SAXS）和大角 X 射线衍射（X - ray diffraction XRD）。用小角 X 射线衍射，通过比较焙烧前和焙烧后的衍射峰，可以确定介观结构的热稳定性能，还可以确定是否有 wormlike 孔结构；由大角 X 射线衍射可以确定试样是结晶相还是非结晶相，即确定其碳骨架结构。XRD 是表征介孔材料最常用手段，通过观察小角度散射区域内（$2\theta<10°$）是否出现特征衍射峰，可以确定介孔结构是否存在。当在大角度衍射区域也能观察到晶体结构的特征衍射峰时，则该材料结晶度较好，这时衍射晶面的晶面参数可以根据各对应衍射峰的 d 值计算出[85]。

2. N_2吸附-脱附法

N_2吸附-脱附等温曲线（BET）分析是表征介孔材料结构和吸附性质的一个重要测试手段。观察 N_2吸附-脱附等温线，通过计算可以研究介孔碳材料的比表面积、孔径分布、孔容和孔道类型等信息，为介孔材料的结构与性能分析提供更加可靠的依据。根据国际纯粹和应用化学联合会（IUPAC）所定义的六种等温曲线形状类型[86]，通常认为介孔材料的吸附-脱附等温曲线为Ⅳ型。

3. 扫描电镜（SEM）、透射电镜（TEM）

观察 SEM、TEM 图谱可以对介孔碳材料的孔道结构、粒径大小及其形貌进行表征，对其进行微观结构分析，也可与 XRD 测试结果进行对比分析。在做透射电镜实验时，由于电子束穿过样品时与样品作用的原子数量的多少和种类的不同，电子束穿过介孔结构时会使透过密度呈现周期性变化，因此在胶片上产生了具有周期性花样的投影图像，构成了 TEM 照片，用 TEM 观察的优点之处是可以直接在电镜照片中找到一些结构参数。

4. 傅立叶红外分析技术（Fourier transform infrared，FT－IR）

采用 FT－IR 分析主要是通过介孔材料骨架原子基团的特征振动谱带来鉴定其所含的基团类型以及基团变化（如弯曲）等骨架结构信息，分析其在焙烧过程中有机质的去除情况[87]。此外，光谱分析还可对掺杂复合型介孔材料中掺杂相所引起的骨架结构变化进行表征。

5. 热重-差热分析（TG－DTA）、示差扫描量热法（DSC）

通过监控材料在氮气气氛、程序控制温度下，观察 DSC 和 TG 曲线研究物质在加热过程中所发生的化学反应，如晶型转变及煅烧温度等，人们可以较好地了解除去介孔碳材料模板剂的过程，清楚物质前后发生的重量损失情况。比如 Kleitz 等[88]通过结合 TG－DTA 与 XRD，对介孔材料在煅烧除去模板剂过程中结构与化学行为的变化进行了分析，为认识煅烧实验过程提供了有效的理论指导。

6. 核磁共振（NMR）

NMR 对介孔碳分子筛骨架元素的化学配位环境的确定非常有效，同时可检测骨架中所掺杂原子的配位环境，判断金属等原子是否已掺杂到材料骨架中。

3.3.5 高灵敏度与选择性的介孔碳传感器应用

传感技术广泛用于卫生、食品、环境、医药等领域。介孔碳电化学传感器的检测原理与常见的电化学传感器的原理是相通的，依据修饰电极表面反应过程中产生的电子转移导致电极两侧产生电化学性质的变化，该变化可以指示待测物浓度的变化，然后将该信息用信号转换器捕捉并转换为可被测量的物理信号。由于介孔碳的电化学传感器具有选择性好、灵敏度高、导电性好、检测分析速度快、操作简便、适于联机化、可实现在线、活体分析等特点，介孔碳材料的电化学传感器有望发展成为新一代高效型分析检测设备，并可广泛适用于各个领域[89]。

介孔碳的电化学（生物）传感器主要可以应用在以下方面：

1. 用于临床医学

介孔碳负载酶、免疫等生物传感器可以检测体液中的化学成分，帮助医生做出正确的诊断。刘琳[56]通过硬模板法制备出有序介孔碳 OMC，并用该介孔碳修饰电极，通过研究介孔碳修饰电极对鸟嘌呤和腺嘌呤的电化学行为，可知有序介孔碳膜能够较好地催化氧化鸟嘌呤和腺嘌呤，相比于单纯的玻碳电极，该介孔碳修饰电极极大地增强了对鸟嘌呤和腺嘌呤测定的峰电流，该介孔碳修饰电极可以用于医学上对腺嘌呤和鸟嘌呤测定方面的电化学传感器。Su 等[91]为了获得对葡萄糖具有高敏感性和选择性的检测，将高度分散的Pt纳米粒子吸附到介孔碳（MCs）上，制得非酶的电流型传感器，Pt纳米粒子/介孔碳（Pt/MCs）复合材料修饰电极对葡萄糖的氧化显示高催化性能，Pt/MCs电极对氯离子显示出高度抗毒性并且不会受到物种氧化性的干扰。

2. 用于发酵工业

鞠剑等[92]以SBA-15介孔硅作为模板，P123作为表面活性剂，蔗糖为碳源合成出OMC并用于修饰玻碳电极GCE，结果显示该有序介孔碳修饰电极能够较快地催化氧化苋菜红并且检测速度灵敏迅速，并在该介孔碳修饰电极的基础上构建了苋菜红电化学伏安传感器，该电极可以检测现实生活中红酒苋菜红的含量。

3. 用于环境监测方面

介孔碳传感器具有灵敏度高、检测分析速度快、易于实现连续在线监测等特点，使得其非常适合用于环境样品的检测。Ju等[93]以有序介孔碳作为载体，通过负载上镍-铝层状双金属氧化物对玻碳电极进行修饰，制备出一种Ni-AlLDHs/OMC复合材料，这是一种新型的非酶的乙酰胆碱传感器，该传感器具有稳定性好、防污能力强、催化活性高以及对乙酷胆碱的检测浓度宽和检测限低的特点，可以检测环境中微量至痕量的有机磷。

4. 用于食品领域

介孔碳传感器用于检测水和食品中致病性细菌，对于控制传染病、保护环境卫生方面有重要意义。莱克多巴胺（廋肉精）是一种畜业违禁添加剂，但其检测困难。Yang等[90]使用有序介孔碳（OMC）改性玻璃碳电极（OMC/GCE）制得一个敏感的电化学传感器并用于检测有毒莱克多巴胺，运用循环伏安法观察OMC/GCE对莱克多巴胺的电化学行为，结果表明，传感器对莱克多巴胺浓度呈很好的线性相关性，对莱克多巴胺的检测具有良好的灵敏度和选择性，最后该方法成功地用于猪肉样品中对莱克多巴胺的测定并取得令人满意的结果。杨霄[49]合成出有序介孔碳进行修饰的玻碳电极，研究了该修饰电极对莱克多巴胺的电化学行为，并将该电极运用到检测猪肉中的莱克多巴胺，结果显示该方法具有实用价值，并取得了较好的结果，这为发展一种能够对猪肉中的莱克多巴胺进行灵敏快速的分析检测的电化学传感器开辟了新的途径。

目前，国内外关于将介孔碳材料及其功能化的特性作为电极材料用于电化学和生物传感器方面的研究才起步不久，近年来主要研究成果有：赵新[94]将已包覆纳米金（nanO-Au）的有序介孔碳（OMC）电沉积到壳聚糖（chitosan）修饰的玻碳电极（GCE）表面，合成出Ab/nanO-Au@OMC/chitO-GNPs-OMC/GCE免疫传感器，该传感器具有响应时间短、检测下限低、操作简单、稳定性良好和使用寿命长等优点。

刘琳[56]通过浸渍法在有序介孔碳上负载磷钨酸铈CePW，将CePW/OMC对电极表面进行修饰，制备出CePW/OMC修饰电极。通过对该电极进行表征，发现多金属氧酸盐-有序介孔碳修饰电极可以很好地催化鸟嘌呤、腺嘌呤、多巴胺和对乙酰氨基酚。

曾百肇等[95]以介孔碳材料 CMK－3 作为载体负载铂纳米粒子，并将其进行修饰电极得到掺杂铂的介孔碳修饰电极，将该电极固定葡萄糖氧化酶制备出葡萄糖生物传感器，研究结果表明该传感器对葡萄糖响应良好。

董绍俊等[96]利用有序介孔碳修饰电极分别固定脱氢酶和氧化酶制备了相应的生物传感器。

复旦大学的游春苹[13]以 SBA－15 为模板，通过掺杂铂纳米粒子的有序介孔碳材料修饰电极，结果表明掺杂铂纳米颗粒的介孔碳比纯介孔碳的导电性更好，在保持了酶分子的生物活性的同时，制作的生物传感器对葡萄糖催化响应灵敏迅速、线性范围较宽、检测灵敏度也较高。

刘燕[59]用一步共沉积法制备了基于 GOD/TiSBA－15/CTS 复合膜修饰电极的生物传感器，实现了葡萄糖氧化酶的直接电化学测定，由于该修饰电极具有较好的稳定性，对葡萄糖的响应灵敏迅速，有望利用该电极制备出无试剂型生物电化学传感器。

利用介孔碳修饰电极的高选择及灵敏性，已制出分析用的电化学传感器。如杨霄[49]制备出有序介孔碳/氧化镍复合材料，利用该复合材料进行修饰电极，通过研究该修饰电极对肾上腺素的电化学行为，发现该修饰电极对肾上腺素的催化性能比纯有序介孔碳修饰电极更好。这种新型的肾上腺素电化学传感器具有良好的电催化性能和重现性，并成功运用于临床样品的测定。

方珏[97]以有序介孔碳作为修饰材料，成功制备出一种新型的 NADH 生物传感器。此修饰电极性质稳定，并且在检测过程中成功消除多巴胺、抗坏血酸和尿酸的干扰，有望应用于实际样品检测；此外还用吸附法将葡萄糖氧化酶（GOD）固定到有序介孔碳修饰电极表面，这种电极很好地体现了有序介孔碳的优良特性，不仅保持了葡萄糖氧化酶的生物活性，而且在其表面覆盖了一层二茂铁丙酮溶液，成功构建一种新的电流型葡萄糖生物传感器。该传感器对葡萄糖显示出良好的电催化性能，并且在检测过程中可以消除多巴胺、尿酸的干扰，但是对抗坏血酸表现出一定程度的响应。

彭晓娟[98]以 SBA－15 为模板，蔗糖为碳源制备有序介孔碳 OMC，利用 OMC 修饰玻碳电极，并对尿酸的电化学行为进行了研究，结果表明 OMC/GC 电极有可能成为稳定的尿酸电化学传感器；有序介孔碳可用于制作电化学检测器的敏感单元，在电化学传感器和生物传感器领域具有潜在的应用价值。

Yan 等[99]将 OMC 分散在电解质溶液中，并修饰到玻璃碳电极（GC）表面，制得一个基于有序介孔碳（OMC）的电化学传感器并用于对异烟肼的电流型检测。传感器成功地应用于测定异烟肼并取得令人满意的结果，对异烟肼的测定呈高灵敏度、低检出限、宽线性范围的特点，这说明 Nafion－OMC/GC 电极对于制作稳定、高效的电化学传感器并用于检测异烟肼是一个很好的选择。

参考文献

[1] IUPAC [S] . Manual of Symbols and Terminology. Pure Appl Chem，1972：31-578.

[2] 侯莹．孔径及组成对有序介孔碳修饰电极电化学行为的影响研究 [D] ．东北师范大学，2008：1-53.

[3] 田勇，钟国英，王秀芳，陈任宏．磁性介孔碳对吲哚美辛的吸附与释放行为研究 [J] ．广东药学院学报，2013，29 (3)：246-9.

[4] Rogers JA. Electronic materials：Making graphene for macroelectronics [J] . Nat Nanotechnol，2008：254.

[5] Shang NG，Papakonstantinou P，McMullan M. Catalyst－free efficient growth，orientation and biosensing properties of multilayer graphene nanoflake films with sharp edge planes [J] . Adv Funct Mater，2008：3506.

[6] Berger C，Song Z，Li X. Electronic confinement and coherence in patterned epitaxial grapheme [J] . Science，2006：1191.

[7] Yoon SB，Kim JY，Yu JS. A direct template synthesis of nanoporous carbons with high mechanical stability using as－synthesized MCM-48 hosts [J] . Chem Commun，2002，14：1536-1537.

[8] Lee JW，Yoon SH，Hyeon TG，Oh SM，Kim KB. Synthesis of a new mesoporous carbon and its application to electrochemical double－layer capacitors [J] . Chem Commun，1999，21：2177-2178.

[9] Lee JS，Joo SH，Ryoo R. Synthesis of Mesoporous Silicas of Controlled Pore Wall Thickness and Their Replication to Ordered Nanoporous Carbons with Various Pore Diameters [J] . J Am Chem Soc，2002，124 (7)：1156-1157.

[10] 赵真真．氮掺杂有序介孔碳的制备及高性能漆酶生物传感器的研究 [D] ．天津大学，2009：1-94.

[11] 刘应亮，谢春林．孔碳材料制备的研究进展 [J] ．暨南大学学报（自然科学版）. 2011，32 (3)：339-344.

[12] 赵海静，赵东林，张泰铭，高龙飞，李晓，李峰．孔道结构对有序介孔炭电化学性能的影响 [J] ．北京化工大学学报（自然科学版），2013，40 (03)：61-68.

[13] 游春苹．基于介孔碳材料的电化学生物传感器研究 [D] ．复旦大学，2009：1-146.

[14] Zhang F，Meng Y，Gu D. A facile aqueous route to synthesize highly ordered mesoporous polymers and carbon frameworks with Ia3d bicontinuous cubic structure

[J] . J Am Chem Soc, 2005, 127: 13508 - 13509.

[15] Alberius PCA, Frindell KL, Hayward RC, Kramer EJ, Stucky GD, Chmelka BF. General predictive syntheses of cubic, hexagonal, and lamellar silica and titania mesostructured thin films [J] . Chem Mater, 2002, 14 (8): 3284 - 3294.

[16] Diaz I, Perez—Pariente J, Terasaki O. Structural study by transmission and scanning electron microscopy of the time — dependent structural change in M41S mesoporous silica (MCM - 41 to MCM - 48, and MCM - 50) [J] . J Mater Chem, 2004, 14 (1): 48 - 53.

[17] Li LL, Xu JJ, Yuan Q, Li ZX, Song WG, Yan CH. Facile synthesis of macrocellular mesoporous foamlike Ce — Sn mixed oxides with a nanocrystalline framework by using triblock copolymer as the single template [J] . Small, 2009, 5 (23): 2730 - 2737.

[18] Zhou Y, Schattka JH, Antonietti M. Room — temperature ionic liquids as template to monolithic mesoporous silica with wormlike pores via a sol—gel nanocasting technique [J] . Nano Lett, 2004, 4 (3): 477 - 481.

[19] 陈红. 体心立方结构介孔碳 (FDU - 16) 规模化制备与孔道性质改善探究 [D] . 复旦大学, 2012: 1 - 89.

[20] 崔祥婷, 闻振涛, 万颖. 有序介孔碳用于吸附水相中的氯代芳香族化合物 [J] . 上海师范大学学报 (自然科学版), 2010, 39 (03): 279 - 283.

[21] Chen T, Wang T, Wang DJ, Zhao JQ, Ding XC, Wu SC, et al. Selectice Adsorption Behavior of Cu (II) and Cr (VI) Heavy Metal Ions by Functionalized Ordered Mesoporous Carbon [J] . Acta Phys Chim Sin, 2010, 26 (12): 3249 - 3256.

[22] Vinu A, Streb C, Murugesan V, Hartmann M. Adsorption of Cytochrome C on New Mesoporous Carbon Molecular Sieves [J] . J Phys Chem B, 2003, 107 (33): 8297 - 8299.

[23] Raghuveer V, Manthiram A. Mesoporous carbons with controlled porosity as an electrocatalytic support for methanol oxidation [J] . J Electrochem Soc, 2005, 152 (8): A1504 - A1510.

[24] 郭卓, 朱广山, 辛明红, 高波, 裘式纶. 不同孔径的介孔碳分子筛对 VB_(12) 的吸附性质研究 [J] . 高等学校化学学报, 2006, 27 (01): 9 - 12.

[25] Wang J, Xue C, Lv Y, Zhang F, Tu B, Zhao D. Kilogram—scale synthesis of ordered mesoporous carbons and their electrochemical performance [J] . Carbon, 2011, 49: 4580.

[26] Matsui T, Tanaka S, Miyake Y. Correlation between the capacitor

performance and pore structure of ordered mesoporous carbons [J] . Advanced Powder Technology, 2013, 24: 737 - 742.

[27] 杨桦，孙德慧，任慧娟，崔振峰．介孔碳纳米纤维为载体的铂催化剂的制备及电化学性质 [J] ．高等学校化学学报，2011，32 (08)：1876 - 1880.

[28] Yang J, Lou SJ, Zhou XY, Li J, Lai YQ. Preparation and properties of hierarchical porous graphitization carbon anode [J] . C J Nonferrous Metals, 2012, 22 (04): 1216 - 122.

[29] 程静．电活性介孔碳的合成及构建漆酶生物传感器的研究 [D] ．天津大学，2008：1 - 86.

[30] Alfredo S, Sonia MZ, Damian PQ, Isabel DH, Isabel S. A comparative study on carbon paste electrodes modified with hybrid mesoporous materials for voltammetric analysis of lead (II) [J] . Journal of Electroanalytical Chemistry, 2013, 689: 76 - 82.

[31] Wen D, Xu XL, Dong SJ. A Single — Walled Carbon Nanohorn — Based Miniature Glucose/Aire Biofuel Cell for Harvesting Energy from Soft Drinks [J] . Energy Environ Sci, 2011, 4: 1358 - 1363.

[32] Blanford CF, Heath RS, Armstrong FA. A Stable Electrode for High — potential, Electrocatalytic O_2 Reducton Based on Raional Attachent of a Blue Copper Oxidase to a Graphite Surface [J] . Chem Commun, 2007: 1710 - 1712.

[33] Vinu A. TwO - Dimensional Hexagonally — Ordered Mesoporous Carbon Nitrides with Tunable Pore Diameter, Surface Area and Nitrogen Content [J] . Adv Funct Mater, 2008, 18: 816 - 827.

[34] 库里松．哈衣尔别克，曾涵．介孔碳掺杂氮材料—壳聚糖固定漆酶电极的直接电化学行为及化学传感性能 [J] ．应用化学，2013，30 (10)：1194 - 1201.

[35] 吕新萍，朱启忠，董学卫．漆酶的固定化及其在生物传感器方面的应用[J] ．生命的化学，2007，27 (3)：254 - 255.

[36] Feng JJ, Xu JJ, Chen HY. Direct electron transfer and electrocatalysis of hemoglobin adsorbed on mesoporous carbon through layer — by — layer assembly [J] . Biosens Bioelectro, 2007, 22 (8): 1618 - 1624.

[37] 刘玲．钴化合物/有序介孔碳复合材料在电化学传感器中的应用 [D] ．东北师范大学，2010：1 - 57.

[38] Lee D, Lee JS, Kim JY, Na HB, Kim B, Shin CH, et al. Simple fabrication of a highly sensitive and fast glucose biosensor using enzymes immobilized in mesocellular carbon foam [J] . Adv Mater, 2005, 17 (23): 2828.

[39] 张鑫. 介孔材料功能化传感器的研究和应用 [D]. 济南大学, 2011.

[40] Jia NQ, Wang ZY, Yang GF, Shen HB, Zhu LZ. Electrochemical properties of ordered mesoporous carbon and its electroanalytical application for selective determination of dopamine [J]. Electrochem Commun, 2007, 9 (2): 233-8.

[41] Sun D, Li XK, Zhang HJ, Xie XF. An electrochemical sensor for p-aminophenol based on the mesoporous silica modified carbon paste electrode [J]. Intern J Environ Anal Chem, 2012, 92 (3): 324-333.

[42] Wang J. Electrochemical nucleic acid biosensors [J]. Anal Chim Acta, 2002, 469 (1): 63-71.

[43] Lei Y, Mulchandani P, Wang J. Highly Sensitive and Selective Amperometric Microbial Biosensor for Direct Determination of p-Nitrophenyl-Substituted Organophosphate Nerve Agents [J]. Environ Sci Technol, 2005, 39 (22): 8853-8857.

[44] Rotariu L, Bala C, Magearu V. New potentiometric microbial biosensor for ethanol determination in alcoholic beverages [J]. Anal Chim Acta, 2004, 513 (1): 119-123.

[45] Timur S, Anik U, Odaci D. Development of a microbial biosensor based on carbon nanotute (CNT) modified electrodes [J]. Electrochem Commun, 2007, 9 (7): 1810-1815.

[46] Babacan S, Pivarnik P, Letcher S. Evaluation of antibody immobilization methods for piezoelectric biosensor application [J]. Biosens Bioelectron, 2000, 15 (11-12): 615-621.

[47] Walcarius A. Impact of mesoporous silica-based materials on electrochemistry and feedback from electrochemical science to the characterization of these ordered materials [J]. Comptes Rendus Chimie, 2005, 8 (3-4): 693-712.

[48] Wang L, Bai J, Bo X. A novel glucose sensor based on ordered mesoporous carbon-Au nanoparticles nanocomposites [J]. Talanta, 2011, 83 (5): 1386-1391.

[49] 杨霄. 有序介孔碳及其复合材料修饰电极的电化学(生物)传感应用 [D]. 湘潭大学, 2013: 1-62.

[50] Liu HY, Wang KP, Teng HS. A simplified preparation of mesoporous carbon and the examination of the carbon accessibility for electric double layer formation [J]. Carbon, 2005, 43 (3): 559-566.

[51] Zhou HS, Zhu SM, Hibino M, Honma I. Electrochemical capacitance of self

—ordered mesoporous carbon [J]. J Power Sources，2003，122 (2)：219-223.

[52] Wu S，Ju HX，Liu Y. Conductive mesocellular silica—carbon nanocomposite foams for immobilization，direct electrochemistry，and biosensing of proteins [J]. Adv Funct Mater，2007，17 (4)：585-92.

[53] Dai ZH，Xu XX，Ju HX. Direct electrochemistry and electrocatalysis of myoglobin immobilized on a hexagonal mesoporous silica matrix [J]. Anal Biochem，2004，332：23-31.

[54] 周明. 有序介孔碳复合材料的电化学及电催化性质研究 [D]. 东北师范大学，2007：1-54.

[55] Zhu L，Tian C，Zhu D，Yang R. Ordered mesoporous carbon paste electrodes for electrochemical sensing and biosensing [J]. Electroanalysis. 2008，20 (10)：1128-1134.

[56] 刘琳. 有序介孔碳及其复合材料在电化学传感器中的应用 [D]. 东北师范大学，2009：1-54.

[57] Joo SH，Chol SJ，Oh L. Ordered nanoporous arrays of carbon supporting high dispersion of platinum nanoparties [J]. Nature，2001，412：169-172.

[58] Zhang J，Kong LB，Cai JJ，Yang SW，Luo YC，Kang L. Novel Polypyrrole/Mesoporous Carbon Nanocomposite Electrode for an Electrochemical Hybrid Capacitor [J]. Acta Phys Chim Sin. 2010，26 (06)：1515-1520.

[59] 刘燕. 功能化介孔材料的制备及其在金属污染物选择性分离与生物传感中的应用 [D]. 江苏大学，2011：1-175.

[60] 芦宝平. 有序介孔碳复合材料的合成及其电催化研究 [D]. 东北师范大学，2010：1-47.

[61] Zhou M，Ding J，Guo L. Electrochemical behavior of L—cysteine and its detection at ordered mesoporous carbon — modified glassy carbon electrode [J]. Analytical Chemistry，2007，79 (14)：5328-5335.

[62] Ramasamy E，Lee J. Ferrocene—derivatized ordered mesoporous carbon as high performance counter electrodes for dye—sensitized solar cells [J]. Carbon，2010，48 (13)：3715-3720.

[63] Wang T，Liu XY，zhao DY，Jiang ZY. The unusual electrochemical characteristics of a novel three—dimensional ordered bicontinuous mesoporous carbon [J]. Chem Phys Lett，2004，389 (4-6)：327-331.

[64] Ndamanisha JC，Guo LP. Electrochemical determination of uric acid at ordered mesoporous carbon functionalized with ferrocenecarboxylic acid — modified

electrode [J] . Biosens Bioelectron，2008，23 (11)：1680 - 1685.

[65] Zhang YF，Bo XJ，Guo LP. Electrochemical behavior of 6 - benzylaminopurine and its detection based on Pt/ordered mesoporous carbons modified electrode [J] . Anal Methods，2012，4：736 - 741.

[66] Kim MJ，Choi JH，Park JB，Seong K，Park CY. Growth characteristics of carbon nanotubes via aluminum nanopore template on Si substrate using PECVD [J] . Thin Solid Films，2003，435：312.

[67] 吴雪艳，王开学，陈接胜．多孔碳材料的制备 [J] ．化学进展，2012，24 (2/3)：262 - 274.

[68] Petkov N，Mintova S，Karaghiosoff K，Bein T. Fe—containing mesoporous film hosts for carbon nanotubes [J] . Mater Sci Eng C，2003，23 (1 - 2)：145 - 149.

[69] 史克英，季春阳，辛柏福，徐敏，付宏刚 . SBA - 16 薄膜内生长碳纳米管阵列及其 Fe 的填充 [J] ．化学学报，2004，62 (22)：2270 - 2272.

[70] 叶林．介孔金属氧化物及三维有序超晶格阵列材料的合成与应用研究 [D] ．复旦大学，2012：1 - 125.

[71] 王小宪，李铁虎，翼勇斌，金伟．有序介孔炭分子筛膜的制备与表征 [J] ．材料工程，2008，(11)：41 - 45.

[72] Yokoi T，Sakamoto Y，Terasaki O，Kubota Y，Okubo T，Tatsumi T. Periodic arrangement of silica nanospheres assisted by amino acids [J] . J Am Chem Soc，2006，128 (42)：13664 - 13665.

[73] 车倩，张方，丁兵，朱佳佳，张校刚，editors. 有序介孔碳球阵列的制备及超电容性能．中国化学会第 28 届学术年会，2012.

[74] 刘海晶．电化学超级电容器多孔碳电极材料的研究 [D] ．复旦大学，2011：1 - 116.

[75] Liu HJ，Wang XM，Cui WJ，Dou YQ，Zhao DY，Xia YY. Highly ordered mesoporous carbon nanofiber arrays from a crab shell biological template and its application in supercapacitors and fuel cells [J] . J Mater Chem，2010，20 (20)：4223 - 4230.

[76] Ryoo R，Joo SH，Jun S. Synthesis of Highly Ordered Carbon Molecular Sieves via Template — Mediated Structural Transformation [J] . Journal of Physicall Chemistry B，1999，103 (37)：7743 - 7746.

[77] 徐斌，张浩，曹高萍，张文峰，杨裕生．超级电容器炭电极材料的研究[J] ．化学进展，2011，23 (2/3)：605 - 611.

[78] Zhang FQ，Meng Y，Gu D，Yan Y，Chen ZX，Tu B，et al. An aqueous co-

operative assembly route to synthesize ordered mesoporous carbons with controlled structures and morphology [J] . Chemistry Of Materials, 2006, 18: 5279 - 5288.

[79] Lu Y, Ganguli R, Drewienf CA, Anderson MT. Continuous formation of supported cubic and hexagonal films by sol－gel dip－coating [J] . Nature, 1997, 389: 364 - 368.

[80] Meng Y, Gu D, Zhang FQ, Shi YF, Yang HF, Li Z, et al. Ordered mesoporous polymers and homologous carbon frameworks: Amphiphilic surfactant templating and direct transformation [J] . Angewandte Chemie－International Edition, 2005, 44: 7053 - 7059.

[81] Meng Y, Gu D, Zhang FQ. A family of highly ordered mesoporous polymer resin and carbon structures from organic－organic self－assembly [J] . Chemistry Of Materials, 2006, 18 (18): 4447 - 4464.

[82] Zhang JY, Deng YH, Wei J. Design of Amphiphilic ABC Triblock Copolymer for Templating Synthesis of Large－Pore Ordered Mesoporous Carbons with Tunable Pore Wall Thickness [J] . Chemistry Of Materials, 2009, 21 (17): 3996 - 4005.

[83] 钱旭芳．自组装路线合成新型介孔碳及杂化碳材料 [D] ．上海师范大学，2008: 1 - 83.

[84] 王金秀．新型碳基介孔材料的控制合成及应用 [D] ．复旦大学，2012: 1 - 135.

[85] Yang P, Zhao D, Margolese DI. Generalized syntheses of large－poremesoporous metal oxides with semicrystalline frameworks [J] . Nature, 1998, 396: 152 - 5.

[86] Rouquerol F, Rouquerol J, Sing K. Adsorption by Powders and Porous Solids, Principles, Methodology and Applications [M] . London, Academic Press, 1999: 205 - 207.

[87] Ciesla U, Schuth F. Ordered mesoporous materials [J] . Micro and Meso Mater, 1999, 27: 131 - 142.

[88] Srdanow VI, Alxneit I, Stucky GD. Optical properties of GaAs confined in the pores of MCM - 41 [J] . J phys chem B, 1998, 102: 3341 - 3344.

[89] Alain W. Electrocatalysis, sensors and biosensors in analytical chemistry based on ordered mesoporous and macroporous carbon－modified electrodes [J] . Trends in Analytical Chemistry, 2012, 38: 79 - 97.

[90] Yang X, Feng B, Yang P, Ding YL, Chen Y, Fei JJ. Electrochemical de-

termination of toxic ractopamine at an ordered mesoporous carbon modified electrode [J]. Food Chemistry，2014，145：619－624.

[91] Su C，Zhang C，Lu GQ，Ma CN. Nonenzymatic Electrochemical Glucose Sensor Based on Pt Nanoparticles/Mesoporous Carbon Matrix [J]. Electroanalysis，2010，22 (16)：1901－1905.

[92] 鞠剑，郭黎平. 有序介孔碳高灵敏苋菜红传感器的研究 [J]. 分析化学，2013，41 (05)：681－686.

[93] Ju J，Bai J，Bo XJ. Non－enzymatic acetylcholine sensor based on Ni－Al layered double hydroxides/Ordered Mesoporous Carbons [J]. Electrochem Acta，2012，78：569－575.

[94] 赵新. 基于炭纳米管及介孔炭的生物传感器的研究 [D]：[硕士]. 辽宁师范大学，2011：1－67.

[95] Yu JJ，Yu DL，Zhao T，Zeng BZ. Development of amperometric glucose biosensor through immobilizing enzyme in a Pt nanoparticles/mesoporous carbon matrix [J]. Talanta，2008，74 (5)：1586－1591.

[96] Zhou M，Shang L，Li BL，Huang LJ，Dong SJ. Highly ordered mesoporous carbons as electrode material for the construction of electrochemical dehydrogenase and oxidase－based biosensors [J]. Biosens Bioelectron. 2008，24 (3)：442－447.

[97] 方珏. 有序介孔碳修饰电极在电化学生物传感器中的应用研究 [D]. 东北师范大学，2010：1－61.

[98] 彭晓娟. 有序介孔碳及其复合材料修饰电极研究 [D]. 东北师范大学，2008：1－82.

[99] Yan X，Bo XJ，Guo LP. Electrochemical behaviors and determination of isoniazid at ordered mesoporous carbon modified electrode [J]. Sensors and Actuators B，2011，155：837－842.

第四章 复合材料电极与电子转移

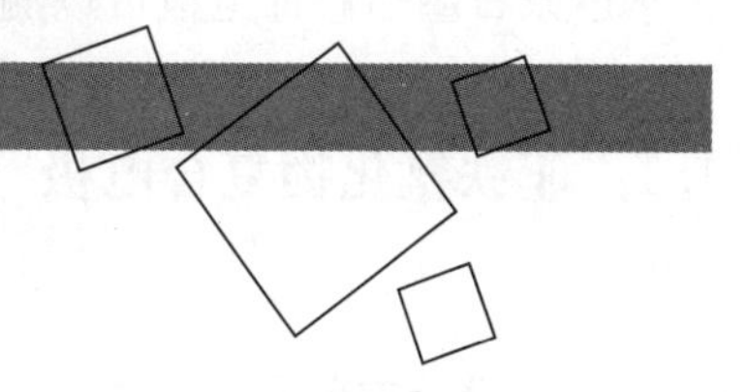

生物传感器是由生物识别界面及与之衔接的信号转换器组成的分析装置，涉及一种待分析物或一组待分析物的浓度及可检测的响应。在早期，人们普遍认为，氧化还原蛋白与电极之间进行直接准可逆或可逆的电子传递是不可能的，然而，蛋白质的准可逆直接电化学却在1977年首次得到实现。Kuwana等人让细胞色素C在掺杂氧化铟的二氧化锡电极上得到了良好的循环伏安响应。

作为一类典型的生物大分子和特殊的催化剂，酶在生命过程中扮演着极其重要的角色，尤其在呼吸链中，生物氧化和新陈代谢是靠多种酶的共同作用才得以完成的。因此，研究酶的直接电化学无论在理论上还是实践上都具有重要意义。在理论上，酶与电极之间直接电子传递过程更接近生物氧化还原系统的原始模型，这就为揭示生物氧化还原过程的机理奠定了基础。另外，酶直接电化学的研究可望为推断澄清生物氧化还原系统中电子传递反应的特异性提供一定的依据。本章主要介绍复合电极和以蛋白质氧化还原反应为基础的电子传递。

相对于那些进行蛋白质间接电子转移的生物传感器而言，发生直接电子转移的传感器的主要优势是不需要人工介质，能提供非常优越的选择性，可以通过选择工作电位区间接近酶的氧化还原电位窗口而减少干扰反应，在反应中还可以通过"无试剂化"简化反应体系。

目前，有几个因素直接影响着电极和蛋白质之间电子的转移[1]，包括：(1) 蛋白质活性基团深埋于其结构内部；(2) 吸附在电极上的蛋白质易失活；(3) 在电极上蛋白质不利的取向。这使得在电极和蛋白质之间实现直接电子交换面临一些障碍。除少数情况外[2]，直接电子传递的传感器大都需要制备特殊的电极，可以用高度纯化的蛋白质溶液修饰特别干净的电极[3]，或者采用特定分子修饰电极。制备中要避免蛋白质因吸附而变性，且要获得最有利的蛋白质在电极上的定向，平稳实现电子传递。

有序介孔材料因其独特的电子、光学和异相催化特性，一直处于材料科学的前沿领域。介孔材料有着合适的孔径和巨大的比表面积，可以把蛋白质及酶有效修饰在电极表面，进而研究蛋白质及酶的电化学行为，直接获得蛋白质的电化学特性数据。

以化学物质修饰电极有可能获得更独特有效的催化电极，如以 $Nd-Fe-MoO_4^{2-}$

氰桥混配聚合物修饰铂电极，可以实现丙三醇的电催化氧化[4]；用 1 -(2 -吡啶偶氮) -2 -萘酚修饰玻碳电极，采用阳极溶出伏安法可以测定痕量汞[5]，以电化学还原石墨烯修饰电极可以测定酱油中痕量铅的含量[6]。

4.1 亚铁氰化物复合电极

4.1.1 普鲁士蓝复合电极

普鲁士蓝是人类最早认识并使用的配位化合物之一，有关其成分报道见于 18 世纪初[7,8]。二百多年后，Neff 的研究发现[9]，普鲁士蓝通过化学沉积或电化学沉积到电极表面可形成电化学活性层，这成为其电化学传感器应用的开端。

普鲁士蓝为亚铁氰化铁（Fe_4Ⅲ［FeⅡ $(CN)_6]_4$），其结构如图 4 - 1 所示，铁（Ⅲ）原子与氮原子配位，而铁（Ⅱ）原子与碳原子配位，这一事实已经由光谱学研究证实[10]。普鲁士蓝可以通过以下化学方法合成，即把氧化态不同的铁（或亚铁）离子和六氰亚铁离子（六氰合铁离子）混合，可以是 Fe^{3+} 与［Fe Ⅱ $(CN)_6]^{4-}$ 混合，也可以是 Fe^{2+} 和［Fe Ⅲ $(CN)_6]^{3-}$ 混合。混合后，可以立即观察到其产生一种暗蓝色胶体。

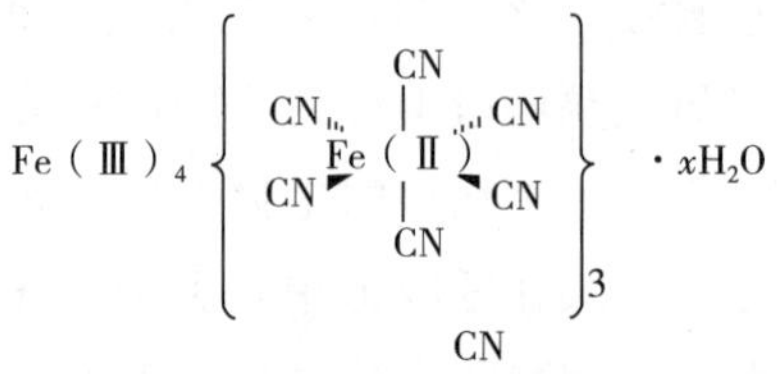

图 4 - 1　普鲁士蓝的结构

普鲁士蓝的晶体结构，首先由 Keggin 和 Miles 根据粉末衍射技术提出[11]，后由 Ludi 及其合作者根据单晶的电子和中子衍射的测量数据加以精确测定[12]。普鲁士蓝具有简单的立方结构，铁（Ⅱ）和铁（Ⅲ）原子交替在面心立方晶格中出现，其中铁（Ⅲ）原子周围以八面体分布形式包围着氮原子，而铁（Ⅱ）原子周围包围着碳原子。立方晶包的尺寸为 10. 2Å。

在普鲁士蓝膜的上表面进行电化学聚合的可能性，最早是由 Karyakin 在文献[13]报道的，它描述了柏林绿的强氧化能力，柏林绿即普鲁士蓝的完全氧化形式。此后，又在过渡金属亚铁氰化物修饰电极表面上合成了非导电聚合物，可用于酶的固定[14]。把非导电聚合物沉积在普鲁士蓝修饰的电极表面，只是略微降低了传感器的响应，但却大幅度提高了传感器的稳定性和选择性。

4.1.2 过渡金属亚铁氰化物复合电极

氧化过程中的电催化现象，最早在普鲁士蓝催化氧化的抗坏血酸的反应中发现的[15]，后来又在亚铁氰化镍催化的反应中观察到[16]。20 世纪 90 年代初期发现了硫代硫酸盐[17,18]的氧化反应，也包括铁、铟和钴的亚铁氰化物催化的这类氧化反应。近来，还发现了亚铁氰化锌[19]在硫代硫酸盐的氧化过程中表现出电催化活性。普鲁士蓝修饰电极还可以用于酒中亚硫酸盐检测[20]，这对酿酒工业来说很重要。

在临床诊断领域，已有通过在镍[21]、钴[22]和锇[23]的亚铁氰化物上的氧化反应来检测多巴胺的报道，除了对多巴胺的氧化反应之外，钴和锇的亚铁氰化物在对肾上腺素和去甲肾上腺素的氧化反应中也表现出活性。在临床分析中，有利用钴[24]和铁[25]的亚铁氰化物进行吗啡的检测，用二价锰[26]和钌[27]的亚铁氰化物修饰的电极通过氧化还原反应检测氨基酸（如半胱氨酸和甲硫氨酸）。硫醇的氧化也是首先在普鲁士蓝[28]和亚铁氰化镍[29]上观察到的，该方法已经用于检测鼠纹状体的微渗析液中的硫醇[30]，普鲁士蓝修饰的电极在检测硫代胆碱在杀虫剂的检测方面已有商品化的传感器出现，可用于对乙酰胆碱酶的测定或有机磷类杀虫剂的间接测定[31]。

4.2　二茂铁复合电极

二茂铁又名二环戊二烯合铁，如图 4－2 所示其有独特的夹心型结构，二价铁离子被夹在两个平面环之间互为交错构型。在溶液中，两个环可以自由旋转，环上还能形成多种取代基的衍生物。合成的衍生物主要包括单、多核二茂铁配合物，二茂铁基聚合物，二茂铁分子树络合物，手性二茂铁配合物，二茂铁簇状衍生物等。它们可以用于火箭燃料的添加剂、汽油的抗爆剂、紫外光吸收剂、航天飞船的外层涂料等。二茂铁及其衍生物是一类富电子体系。二茂铁修饰电极的特征是电极膜上有氧化还原中心，在电位扫描过程中能发生氧化或还原反应，能活化反应物或促进电子的转移速率。用二茂铁与催化剂共组装成化学修饰电极，将使催化剂更易于附着在电极表面，提高催化剂的表面浓度和稳定性，增加催化效率和重复使用率。二茂铁通过共价键与半导体电极结合制成的修饰电极，可抑制腐蚀发生。二茂铁及其衍生物具有亲油性疏水性、氧化还原可逆性、芳香性、低毒性等特点，有很高的电化学活性和电催化活性，二茂铁及其衍生物修饰电极在电分析、电催化和生物传感器等方面应用广泛，还可以用于电化学合成、能量转换和储存[32,33]。

早期的二茂铁及其衍生物修饰电极采用汞作为基底电极，但因为汞是液体且有毒性，这在一定程度上限制了它的使用，不宜作为传感器或检测器的电极材料。近年来多采用碳或金作为基底电极，其中碳电极包括玻碳电极、碳糊电极、裂石墨电极、高定向裂解石墨电极、碳条电极和介孔碳电极等。由于二茂铁及其衍生物在碳电极表面固定方便，极有可能发展成最为有效的电化学传感器中的信号指示剂或电化学催化剂。制备二茂铁及其衍生物修饰电极的关键是如何将二茂铁及其衍生物固定到基体电

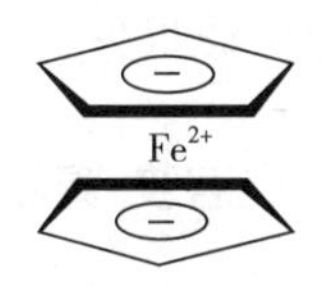

图 4－2　二茂铁的结构

极上，并保持其活性，这也是二茂铁类修饰电极研究和开发中最为重要的工作。目前，制备二茂铁修饰电极的主要方法有吸附法、共价键合法、溶胶-凝胶法以及电化学聚合法。

4.2.1 吸附法与自组装法制备二茂铁修饰电极

一些电极材料的表面存在着官能团和微孔，它们可以有效地吸附二茂铁及其衍生物制成修饰电极。杨庆华等人用涂布法制作了铕-二茂铁衍生物修饰电极和二茂铁单羧基衍生物 Nafion 修饰电极[34]。其电化学性能优良，但二茂铁在电极上的吸附是不可逆的，二茂铁还易因升华而损失。吸附型二茂铁及其衍生物修饰电极存在使用寿命短、重现性差、修饰分子容易失活或脱落的缺点。自组装（SA）膜法是基于分子自组作用，在固体表面自然形成高度有序的二茂铁及其衍生物单分子层。张校刚等人用分子自组装技术在金电极表面形成二茂铁乙烯基吡啶硫醇单分子膜[35]。程广军等人研究了 10 -二茂铁- 1 -癸硫醇（HSC10Fc），发现它在金基底上也能形成稳定的自组装膜[36]。SA 法制得的二茂铁及其衍生物修饰电极表面结构高度有序，稳定性好。

4.2.2 共价键法制备二茂铁修饰电极

共价键合型二茂铁及其衍生物修饰电极是二茂铁等以共价键接在电极表面。Britton 等人曾报道了在高度有序的热解石墨电极以 C - C 键共价键合二茂铁。他们在玻碳电极上经氧化、酰氯化和 Friedel－Crafts 反应研制了 C - C 共价键合的二茂铁化学修饰电极[37]。Koide 等人通过羧基二茂铁上的羧基与凝胶聚烯丙胺上的氨基反应制成高分子媒介体，然后以共价键连到葡萄糖氧化酶上，得到介质改良酶电极[38]。为了加快酶活性中心与电极表面之间的电子传输速度，BO - guslavsky 等人将二茂铁用乙氧基共价键键合连接到硅氧烷主链上，并加入辣根过氧化物酶以加快电子传输，制得双酶传感器[39]。共价键合型二茂铁及其衍生物修饰电极可反复使用上百次，重现性好。但由于电极表面反应活性位点少，表面合成又是异相反应，因而固定的二茂铁及其衍生物的物质的量少、响应信号弱。

4.2.3 溶胶-凝胶法制备二茂铁修饰电极

溶胶-凝胶法可以方便地制备出二茂铁类修饰电极。李亚卓等人将聚烯丙胺基二茂铁与聚苯乙烯磺酸盐生成的离子配合物，用乙醇溶解后掺杂到溶胶-凝胶中，将此溶液滴涂布在玻碳电极表面，制成化学修饰电极[40]。Wang 等人用二茂铁烷基胺衍生物制成无机、有机混合膜，它以固定的摩尔比通过酸催化水解、浓缩，得到凝胶，制成稳定性、电活性、可逆性俱佳的二茂铁衍生物修饰电极[41]。

4.2.4　电化学聚合法制备修饰电极

电化学聚合法制备修饰电极的基本原理是二茂铁及其衍生物与高分子单体在分子级别上充分混合，在单体进行电化学聚合的同时，包埋在其中的二茂铁及其衍生物也被固定在聚合物基质之中。该制备过程简便、快速，制得的二茂铁及其衍生物修饰电极电化学响应信号强，并具有一定的抗干扰能力。武雪梅[42]等人用电聚合法在玻碳电极上制备了聚四氨基酞菁铜包埋二茂铁聚合膜修饰电极（PPcFc）。钌乙烯基吡咯配合物（A）是一种典型的电化学还原聚合单体，但1-氯2-甲酰基乙烯基二茂铁（B）电化学聚合则比较困难。刘晓霞[43]等人通过（A）与（B）的电化学还原共聚，制备了具有Fc+/Fc和Ru^{3+}/Ru^{2+}电化学响应的A～B共聚膜。杜丹[44]等人采用电化学方法在导电基体玻碳电极上制备了二茂铁-磷钼酸电荷转移配合物修饰电极。张修华等人采用电化学方法在导电基体玻碳（GC）电极上制备了二茂铁-磷钼钨杂多酸超分子膜电极（$Fc_8PMo_6W_6$/GCCME）[45]。

4.3　卟啉类复合电极

卟啉是在卟吩环上拥有取代基的一类大环化合物的总称。当环内质子被金属取代后则形成金属卟啉。由于卟啉及其金属配合物具有特殊结构及性能，它在医学、生物化学、材料科学及分析化学等领域应用广泛。卟啉类化合物是一类非常重要的共轭有机分子，可以模拟一些重要酶的活性位点，如血红蛋白、肌红蛋白、细胞色素c氧化酶、一氧化氮还原酶、维生素B12和叶绿素等[46,47,48]。卟啉的大环结构能和多种金属离子共轭形成稳定的金属卟啉，同时卟啉还有显著的催化、光化学、电化学以及生物化学特性。基于FeⅢ/FeⅡ可逆氧化还原反应，铁卟啉能很好地被用作电子传递介质，对多种与生命活动相关的小分子有很好的电催化活性[49,50]，其中包括溶解氧、NO、神经递质、过氧化氢和亚硝酸盐。此外，作为一种强氧化剂，在多个化学反应体系中高价态铁（IV）卟啉已成功地用于单分子催化氧化有机底物和生物分子[51,52]。

与简单卟啉相比，栅栏卟啉的大环外连有四个柱状的苯基取代基，这种结构能够成功模拟一些酶和蛋白质的活性中心，因而对生物分子具有更高的催化性[53]。卟啉分子可被用于自组装“柔性”纳米结构，类似于自然界光学体系中球和管状结构。在人工光敏器件方面，由卟啉组装成的纳米尺度粒子具有与单体卟啉或固定在基底上的卟啉截然不同的化学活性。因为卟啉具有非常活跃的光活性、稳定性和催化活性，卟啉功能化的纳米粒子在构建先进的功能材料方面非常有优势。因此，将功能化的卟啉可控的组装成高度有序的纳米材料是材料学中的热点方向之一，并最终为生物传感器提供新材料[54,55]。共价或非共价的组装是卟啉和纳米材料之间相互交联的主要手段。由于聚集体结构和大的表面积，卟啉-纳米材料的复合物作为生物传感器材料具有独特的光学和化学性质，并且可提高材料稳定性和催化速度。

其中，金属钴卟啉因其电催化活性高而常见于分析测试报道中。与相同烷基链长的卟啉类化合物电子转移速率常数相比较，金属钴卟啉的电子转移速率常数明显增大。其原因大致为以下几点：（1）最高能量分子已占轨道（HOMO）和最低能量分子未占有轨道（LUMO）的能量相近，电子跃迁容易，金属钴离子在卟啉环中心的插入在某种程度上增强了卟啉环的电化学活性；（2）当卟啉环中心与金属钴离子配位时，卟啉环会有小的扭曲变形，从而导致在自组装膜中的卟啉化合物的分子排布发生了变化，变得尽可能疏松以促进电子转移过程的发生；（3）比较卟啉化合物与金属卟啉化合物发现，金属卟啉化合物提供了多余的电子转移通道，在卟啉环金属离子插入后，以及在整个金属卟啉电子转移过程中，此电子转移通道占主要地位[56]。

4.4 氧化还原酶复合电极

酶催化检测具有高度单一性，能够在复杂体系中不受其他物质的干扰，准确识别底物并发生专一的化学反应，从而快速检测出底物的浓度。目前，酶生物传感器已广泛用于临床、食品及环境检测等领域。

介孔材料具有高比表面积、高孔体积、均一可调的孔径、有序的孔道结构以及易于表面功能化等优点，可广泛用于酶的固定。介孔材料中酶的固定方法主要包括物理吸附、物理包埋和化学吸附。酶的直接电化学研究对于研制非媒介体的酶传感器具有重要的意义。由于酶分子通常具有较大的分子量，因此其直接电化学反应比氧化还原蛋白质更加困难。酶固定化量与酶分子大小、介孔材料孔径大小有关。酶的固定化要求介孔材料孔后的径要与酶分子大小相适应，且固定化酶仍有强催化活性。如果介孔材料的孔径太小，导致酶不能进入孔道内，仅有少量酶附着在孔道外表面，会降低催化效率。

物理吸附法是目前研究最多的一种吸附方法，即利用介孔材料表面的弱酸性硅羟基（—SiOH）与酶分子的氨基通过氢键、范德华力、静电力等弱相互作用而将酶分子固定在介孔材料表面。物理吸附是酶在介孔材料中固定化的最简单方法，因物理吸附不需要进一步化学处理，可避免酶的变性，只需将介孔材料在酶的缓冲溶液中悬浮搅拌一定时间，离心分离即可。介孔材料中酶的物理吸附的动力学过程可以分为四步[57]：（1）蛋白质分子从溶液中扩散到介孔材料载体的外表面；（2）蛋白质分子扩散到载体的孔道内部；（3）蛋白质分子被吸附到孔道的内表面；（4）蛋白质分子进行结构重排。

物理吸附使固定化酶的结构破坏最小，但由于酶与介孔材料的结合力较弱，因而不可避免地引起酶的流失，减少了固定化酶重复利用的次数。避免固定化酶流失的方法之一是物理包埋，包括硅烷化包埋或聚电解质（PE）包埋。Diaz 等[58]在最初研究介孔分子筛 MCM－41 对酶的固定化时即使用了物理包埋法。此种方法一般是先将酶分子吸附于介孔材料 MCM－41 孔道中，再用 3－氨丙基三乙氧基硅烷进行硅烷化，以减小酶吸附后 MCM－41 的"孔嘴"大小（～1nm），从而减少酶的流失，但在硅烷化过程中往往会引起酶的变性而减小酶的活力，也会阻碍反应底物通过小"孔嘴"进入介孔材料 MCM－41 孔道中与酶活性位点的接触。

辣根过氧化物酶（HRP）的摩尔质量为 42000，是一种重要的血红类过氧化物酶，对许多底物能够实现单电子氧化，它的活性中心 Fe（Ⅲ）/Fe（Ⅱ）的电化学行为受到了广泛的关注，但由于 HRP 具有三维结构，电活性中心被包埋在多肽结构之中，HRP 和电极表面的异相电子传递速率很小。目前 HRP 的直接电子传递已经在金[59]、银[60]、炭黑[61]、碳糊[62]、石墨、铂电极[63]和 HRP－石墨－环氧生物复合体[64]、甲苯胺蓝[65]、聚丙烯酰胺水凝胶膜[66]、表面活性剂[67]以及硫堇自组装单层[68]修饰电极上得以实现。在硅胶修饰氧化钛电极[69]、阳离子交换树脂[70]和一种 DNA 膜[71]也显示出酶的直接电化学行为。如果将酶与导电性物质充分接触并附着在电极表面，可使酶与电极表面之间发生直接的电子传递反应，这种电子传递反应为无媒介体生物传感器的制备提供了条件，例如有人将 HRP 掺杂在碳糊中可制得一种无媒介体 H_2O_2生物传感器[72]。

微过氧化物酶 MP－8、MP－9 和 MP－11 也可以进行直接电子传递。这些酶为从细胞色素 c 中水解得来的低分子量含血红素多肽，它们三者的区别仅在于其氨基酸残基稍有不同。MP－11 在银电极上的循环伏安图表明，不同扫描速度下的氧化还原峰中点电势为常数值 -0.39 ± 0.01V，异相电子转移速率常数为 $(1.29\pm0.01)\times10^{-3}$cm・$s^{-1}$。微过氧化物酶的重要作用是能够在较高电位下催化过氧化氢的还原，直接电化学法可在无媒介体情况下实现对酶底物的电化学测量。

直接电化学用于测定过氧化氢或过氧化物的过氧化物酶还有细胞色素 c 过氧化物酶、霉菌过氧化物酶等[73,74]。

因葡萄糖生物传感器可为糖尿病患者的临床诊断和血糖监测提供重要的信息，因此众多的研究聚焦在葡萄糖氧化酶（GOx）及葡萄糖生化传感器上。葡萄糖氧化酶（Glucose Oxidase，简称 GOx）是一种需氧脱氢酶，故也有人将它简写成 GOD，它能专一地通过脱氢氧化 β－D－葡萄糖成为葡萄糖酸和过氧化氢。1928 年 Muller 首先从黑曲霉（Asperg－illus niger）的无细胞提取液中发现 GOx。1960 年 Kusai 等、1964/1965 年 Pazur/Swobod－da 等分别从青霉素和黑曲霉提纯 GOx。1995 年，Petruccioli 等用青霉素（P. Variable）的突变株生产 GOx。Federici 等用 Penicilium Variable 80－10 突变株生产 GOx。Gazillo 等用离子交换树脂和凝胶过滤层析将滤液中的 GOx 提纯了 30 倍，测得天然 GOx 分子量为 126000，其亚单位为 62000，为二聚体结构。第一代葡萄糖生物传感器原理为通过葡萄糖氧化酶催化葡萄糖和氧分子生成过氧化氢和葡糖酸内酯，葡糖酸内酯可以进一步转化成葡萄糖酸，反应过程中生成的过氧化氢可以被氧化还原电极检测。GOx在催化底物葡萄糖的氧化过程中自身被还原，为了使酶反应持续下去，必须让还原态的GOx迅速转化为氧化态的GOx。电子直接通过电极移除，其电极反应如下：

$$溶液：GOx_{ox}+glucose \rightarrow gluconolactone+GOx_{red}$$

$$电极：GOx_{red} \rightarrow GOx_{ox}+2H^{+}+2e$$

在自然的酶反应中是依靠分子氧使还原态的GOx转化为氧化态的GOx，但依据这一反应制成的传感器工作电位较高，一般为0.7V（vs. SCE），且要求氧浓度恒定，特别是葡萄糖生物传感器要求葡萄糖氧化酶直接将电子转移给电极，而葡萄糖氧化酶的氧化还原活性中心及GOx（FAD）/GOx（FADH2）对都深埋在酶分子内部。因此，在通常的裸电极上难以进行直接电子转移，而作为大分子的酶与电极的接触面小，电子传递很差，这给葡萄糖生物传感器的检测设置了障碍。

为增加酶与电极的接触，改善电子传递能力，人们发展了第二代葡萄糖生物传感器，它是将GOx与其他导电类的物质充分混合并共同被固定在电极上。能够固定其他蛋白质的材料也适用于固定GOx。尽管葡萄糖氧化酶氧化还原活性中心及GOx（FAD）/GOx（FADH2）电对深埋在酶的内部，但当酶与良导体以某种方式固定在电极表面后，也可能实现直接电化学反应和电子的直接传递，这种方案已经在铂或喷溅铂[75,76]、金[77]、玻碳[78]、碳糊[79]和石墨[80]电极表面上得以实现。在石墨或玻碳电极上，GOx被吸附在电极表面并在有葡萄糖参与电极反应时发生电子转移，从而检测出GOx的电化学响应[81]。随着吸附时间的延长，吸附量逐渐增加，且电化学可逆性也逐渐增加。用氰尿酰氯共价固定到石墨电极表面的GOx显示直接电化学行为，该直接电子转移也归因于酶蛋白配合的黄素辅基的氧化还原；将GOx固定在氨基苯基硼酸（APBA）修饰玻碳电极上，固定的硼酸基团和酶残基间的相互作用增强了其电子转移的速率。通过电化学聚合法包埋在聚吡咯膜中的GOx呈现准可逆的电化学行为，其微分脉冲伏安曲线呈现GOx的氧化还原峰，很可能是GOx分子通过聚吡咯链与基底电极间发生了电子转移[82]。Wang等[83]在1994年报道了一种葡萄糖安培传感器，其通过将葡萄糖氧化酶与被铑分散的碳糊混合使酶与碳活性点之间产生亲密接触，实现GOx的直接电子传递。目前，寻找新的固定方法、利用GOx的直接电化学的性质发展新型葡萄糖传感器仍然是葡萄糖传感器研制的重要发展方向。从生物电化学角度上来说，葡萄糖氧化酶是一种理想的酶，GOx修饰电极是不可缺少的，因此GOx的载体选择以及GOx的固定是酶电极研究的重要课题之一。

因在裸电极的固定电极上氧化还原蛋白质和酶的直接电子转移很难进行，为提高固定蛋白质和酶的电子直接传递速率并为其提供适宜的微环境，人们研究了各种方法并应用多种材料来固定蛋白质和酶，希望制备电极上的蛋白质及酶仍能保持其催化活性并可用于制造生物传感器。目前已有报道集中在环境、食品、工业等领域，运用电化学传感器检测过氧化氢、葡萄糖、NO、尿酸、黄嘌呤、次黄嘌呤等物质。因为蛋白质和酶特别易失活，所以这些无须媒介的生物传感器常常比那些有媒介的酶传感器有更好的选择性。不用媒介能简化生物传感器的制备过程和降低成本，许多科学家致力于该领域研究并已取得了很大的进步。然而，只有为数很少的蛋白质和酶能够实现其直接电化学，还没有简单的方法来有效固定蛋白质和酶，实现它们的直接电化学。同时，我们对在蛋白质和电极之间的直接电子传递的机理还不是很清楚。寻找获得多数蛋白质和酶的直接电子传递的更多有效方法值得研究。

第三代葡萄糖生物传感器运用了人工介质法，以加快电子的转移进程，可以定量测定葡萄糖氧化成葡萄糖酸的电流。已研究的人工介质包括二茂铁衍生物、铁氰化物、导电有机盐、吩噻嗪、醌类化合物。所涉及电极反应如下：

溶液：GOx_{ox} + glucose→gluconolactone + GOx_{red}

电子转移：$GOx_{red} + 2M_{(ox)} \rightarrow GOx_{ox} + 2M_{(red)} + 2H^+$

电极：$2M_{(red)} \rightarrow 2M_{(ox)} + 2e$

与第一代相同，葡萄糖氧化酶（GOx）的生物功能是催化葡萄糖形成葡萄糖酸内酯，同时酶本身由 GOx（FAD）变为 GOx（$FADH_2$）。但第三代传感器不需要葡萄糖氧化酶将获得电子直接传递给电极，而是通过氧化还原反应传递到与其密切接触的人工反应介质。介质从还原态的酶上获得电子，本身被还原。还原态介质再与电极接触，将电子传递给电极，本身又被氧化成为氧化态，从而完成一次循环。使用简单的方法将葡萄糖氧化酶固定在介孔碳修饰的玻电极上，循环伏安测试表明，修饰电极上的 GxD 在 0.1mol/L 的磷酸缓冲溶液中发生了准可逆的氧化还原反应，其标准电位为－0.4294V，并且该电化学反应包含有两电子两质子的传递，在氮气饱和的情况下，以羧基二茂铁作为电子传递中间介体，GOx 能将葡萄糖彻底催化氧化，可见介孔碳修饰电极上的 GOx 保持其生物活性。介孔碳材料适合作生物大分子氧化还原酶的载体，在制造生物燃料电池和构建生物传感器酶电极方面得到了飞速的发展。

除了常见的酶如 HRP、Cat 和 GOx，许多不常见的酶也被用于制备成直接电化学转化的生物传感器。尿酸氧化酶（尿酸氧化 Uricase，Urate Oxidase）能使尿酸迅速氧化变成尿囊酸，不再被肾小管吸收而排泄，对结节性痛风、尿结石及肾功能衰竭所引起的高尿酸血症有良效。在人体内尿酸是嘌呤分解的主要副产物，因尿酸氧化酶催化嘌呤降解步骤中的最后一步反应，作为嘌呤新陈代谢紊乱的重要的标示分子，其检测对痛风、肾功能衰竭等临床诊断有重要的意义。

固定化酶技术是酶工程研究的重要课题，受到材料学家、化学家和生物学家的普遍关注，介孔材料在生物酶固定化领域已显示出潜在的优势。用介孔材料固定化酶时也会引起酶的泄漏与失活等问题，解决的途径是在介孔材料孔道内部植入一些活性官能团，通过后处理或原位合成技术对介孔材料进行表面修饰改性。介孔材料形貌结构的有序性和孔径大小是固定化酶是否具有高稳定性和活性的重要条件，开发新型介孔材料和选择合适有机修饰基团将给介孔材料固定化酶的工业化带来机会。

生物传感器属于新兴学科生物电子学的研究范畴，是一个涉及生物、化学、材料、物理、医学以及纳米技术、微电子技术、信息技术等多学科技术在内的交叉领域。无论是在生物电子体系的机理研究方面，还是实际应用开发方面，生物传感器都激发了各国研究者广泛而持久的兴趣。作为生物传感器的一个重要分支，电化学生物传感器有显著的优势，如直接获取生物分子本身或反应体系的电子行为、易与电子技术结合开发小型分析检测系统等，因而展示出更加广阔的应用前景。

近年来随着介孔材料的兴起和发展，人们合成出介孔碳材料（CMMs），这种新型的碳纳米材料在催化剂载体、吸附剂及电子器件等方面被广泛应用。通过调控介孔碳材料的孔道尺寸、介观拓扑结构和表面荷电情况来设计适应不同生物分子固定化需求的载体，这都使介孔碳材料在蛋白质固定和生物传感器研究等方面拥有极大的优势和应用前景。通过将新型纳米材料修饰到电极表面，可以有效地固定生物分子，并促进其氧化还原中心与电极之间的直接电子转移，从而研制出新一代的生物传感器及其他生物器件。

无机多孔材料具有物理刚性、化学惰性、可忽略的溶胀性以及对光、热、化学与生物降解的高稳定性[84]。以 SBA－15 为代表的介孔材料，由于其较大的比表面积、独特的孔隙结构及良好的生物相容性等特点，适于作为固定生物分子的基体材料并为电子传递提供合适的微环境。研究表明：在介孔材料上固定生物分子，可以有效地防止生物分子的失活，并提高极端条件（有机溶剂、温度、pH 值等）下生物分子的稳定性和储存性能，这已成为当前制备电化学生物传感器的热点材料之一。尽管介孔材料复合的电化学生物传感器具有很多其他材料无法相比的优点，但在研究中也遇到很多问题，如有些生物分子在不同结构介孔材料上固定后，其表观生物活性可能增加，也可能下降；另外，由于介孔材料在电极表面固定后的孔道取向问题，某些传感器还存在电化学响应时间长、电极重现性差等问题。如何控制产生具有特定形貌、尺寸及结构的有序介孔材料，开发新颖的生物分子固定组装手段，在保证生物分子表观活性的同时提高生物分子的负载量，这是发展基于介孔材料的生物电化学传感器是一个重要研究方向。通过掺杂金属、半导体纳米颗粒及导电聚合物等，提高介孔复合材料的导电性，可以加快传质速率及电子转移速率，降低响应时间，从而实现目标分子的快速、实时检测。

参考文献

[1] Armstrong F, Hill H, and Walton N. Direct electrochemistry of redox proteins. Acc. Chem. Res, 1998, 21: 407.

[2] Egodage K, De Silva S, and Wilson S. Probing the conformation and orientation of adsorbed protein using monoclonal antibodies: cytochrome c3 films on a mercury electrode. J. Am. Chem, Soc. 1997, 119: 5259.

[3] Reed E. , Hawkridge M. Direct electron transferreactions of cytochrome c at silver electrodes. Anal. Chem, 1987, 59: 2334.

[4] 马永钧，田玉秀，刘婧. Nd-Fe-MoO42-氰桥混配聚合物修饰铂电极的丙三醇电催化氧化. 电化学，2014，20（2）：150.

[5] 刘波，付丁强，牛明明. 1-（2-吡啶偶氮）-2-萘酚修饰玻碳电极阳极溶出伏安法测定痕量汞. 湖北民族学院学报（自然科学版），2014，01.

[6] 赵群，习霞，明亮. 电化学还原石墨烯修饰电极测定酱油中铅含量. 中国调味品，2013，10：81.

[7] Anonymous. Miscellanea Berolinensia ad Incrementium Scientiarum, Berlin 1710, 377.

[8] Brown J, Chymist, F. R. S. Foregoing Preparation J. Philos. Trans. 1724, 33: 17.

[9] Neff V. Electrochemical oxidation and reduction of thin film of Prussian blue. J. Electrochem. Soc, 1978, 128: 886.

[10] Duncan J and Wrigley P. The electronic structure of the iron atoms in complex iron cyanides. J. Chem. Soc, 1963, 1125.

[11] Keggin J and Miles F. Structure and formulae of the Prussian blue and related compounds. Nature, 1963, 137: 577.

[12] Herren F, Fisher P, Ludi A, and Halg W. Neutron difraction study of Prussian blue, Fe4 [Fe (CN) 6] 3xH2O. Location of water molecules and long－range magnetic order. Inorgan. Chem, 1980, 19: 956.

[13] Karyakin A and Chaplin M. Polypyrrole－Prussian Blue films with controlled level of doping: codeposition of polypyrrole and Prussian Blue. J. Eletroanal. Chem, 1994, 370: 301.

[14] Garjonyte R and Malinauskas A. Amperometric glucose biosensor based on glucose oxidase immobilized in poly (o－phenylenediamine) layer. Sens. Actuators, B B, 1999, 56: 85.

[15] Li F and Dong S. The electrocatalytic oxidation of ascorbic acid on Prussian blue film modidied electrodes. Electrochim. Acta, 1987, 32: 1511.

[16] Wang S, Jiang M, and Zhou X. Y, Electrocatalytic oxidation of ascorbic acid on nickel hexacyanoferrate film modified electrode. Gaodeng Xuexiao Huaxue Xuebao, 1992, 13: 325.

[17] S. — M. Chen. Electrocatalytic oxidation of thiosulfate by metal hexacyanoferrate film modified electrodes. J. Electroanal. Chem, 1996, 417: 145.

[18] X. Y. Zhou, S. F. Wang, Z. P. Wang, and M. Jiang. Electrocatalytic oxidation of thiosulfate on a modified nickel hexacyanoferrate—film electrode. Fresnius' J. Anal. Chem, 1993, 345: 424.

[19] Eftekhari A. Electrochemical behavior and electrocatalytic activity of a zinc hexacyanoferrate film directly modified electrode. J. Electroanal. Chem, 2002, 537: 59.

[20] Garcia T, Casero E, Lorenzo E, and Pariente F. Electrochemical sensor for sulfite determination based on iron hexacyanoferrate film modified electrodes. Sens. Actuators B Chem, 2005, 106: 803.

[21] Zhou D. M., Ju H. X., and Chen H. Y, Catalytic oxidation of dopamine at a microdisc platinum electrode modified by electrode modified by electrodeposition of nickel hexacyanoferrate and Nafion. J. Electroanal. Chem, 1996, 408: 219.

[22] Chen S. M. and Peng K. T. The electrochemical properties of dopamine, epinephrine, norpinephrine, and their electrocatalytic reactions on cobalt (II) hexacyanoferrate films. J. Electroanal. Chem, 2003, 547: 179.

[23] S. M. Chen and C. J. Liao, Preparation and characterization of osmium hexacyanoferrate films and their electrocatalytic properties. Electrochim. Acta 2004, 50: 115.

[24] Xu F. Gao M. N., Wang L., Zhou T. S., Jin L. T., andJin J. Y. Amperometric determination of morphine on cobalt hexacyanoferrate modified electrode in rat brain microdialysates. Talanta, 2002, 58: 427.

[25] Ho K. C., Chen C. Y., Hsu H. C., Chen L. C., Shiesh S. C., and. Lin X. Z. Amperometric detetion of morphine at a Prussian bleu—modified indium tin oxide electrode. Biosens. And Bioelectron, 2004, 20: 3.

[26] Wang P., Jing X. Y., Zhang W. Y., and Zhu G. Y., Renewable manganous hexacyanoferrate—modified graphite organosilicate composite electrode and its electrocatalytic oxidation of L—cysteine. J. Solid State Electrochem, 2001, 5: 369.

[27] Shaidarova L. G., Ziganshina S. A., Tikhonova L. N., and Budnikov G. K. Electrocatalytic oxidation and flow－injection determination of sulfur－containing amino acids at graphite electrodesmodified with a ruthenium hexacyanoferrate film. J. Anal. Chem, 2003, 58: 1144.

[28] Deepa P. N. and Narayanan S. S. Sol－gel coated Prussian blue modified electrode for electrocatalytic oxidation and amperometric determination of thiols. Bull. Electrochem, 2001, 17: 259.

[29] Shankaran D. R. and Narayanan S. S. Amperometric sensor for thiols based on mechanically immobilised nickel hexacyanoferrate modified electrode. Bull. Electrochem, 2001, 17: 277.

[30] Liu M. C., Li P., Cheng Y. X., Xian Y. Z., Zhang C. L., and Jin L. T. Determination of thiol compounds in rat srriatum microdialysate by HPLC with a nanosized CoHCF－modified electrode. Anal. Bioanal. Chem, 2004, 380: 742.

[31] Ricci F, Arduini F, Amine A, Moscone D, and Palleschi G. Characterisation of Prussian blue modified screen－printed electrodes for thiol detetion. J. Electroanal. Chem, 2004, 563: 229.

[32] 袁耀峰，叶素明，张蕴文．具有生物（理）活性的二茂铁衍生物 [J]．化学通报，1995，(5): 24-31.

[33] 钱军民，李旭祥．介体型电流式酶传感器中电子媒介体的研究进展 [J]．化工进展，2001，(6): 11-15.

[34] (a) 杨庆华，叶宪曾，黄春辉．铕二茂铁衍生物配合物修饰电极的电化学行为 [J]．中国稀土学报，2002，18 (1): 738-744. (b) 杨庆华，叶宪曾，陶家洵．二茂铁单羧基衍生物 Nafion 修饰电极对多巴胺的电化学催化研究 [J]．北京大学学报（自然科学版），1999，35 (6): 38-44.

[35] 张校刚，史彦莉，力虎林．一种结构新颖的二茂铁硫醇自组装膜的电化学行为 [J]．电化学，2003，9 (2): 235-239.

[36] 程广军，于化忠，邵会波，夏南，刘忠范．二茂铁硫醇自组装膜的电化学行为及其离子对效应 [J]．高等学校化学学报，1997，18 (7): 1141-1146.

[37] Britton W E, Elhashash M, Elcady M, et al. Electroanal Chem [J]. 1984, 172 (122): 189.

[38] Koide S, Yokoama K. Electochemical characterization of an enzyme electrode based on a ferrocene－containing redox polymer [J]. Electroanal Chem, 1999, 468 (2): 193.

[39] Boguslavsky L, Kalash H, Xu Z, et al. Thin film bienzyme amperom etric

bisensors based on polymeric redox mediators with electro static bipolar protectinglayer [J] . Anal Chim Acta，1995，311 (1)：15.

[40] 李亚卓，张素霞，李晓芳，孙长青 . 基于溶胶-凝胶技术的聚烯丙胺基二茂铁化学修饰电极的组装及其抗坏血酸的电催化氧化 [J] . 高等学校化学学报，2003，24 (8)：1373.

[41] Wang X，Collinson M. Electrochemical characteriza — tion of inorganic/organic hybrid film sprepared from ferrocene modified silanes [J] . Electroanal Chem，1998，455 (122)：127.

[42] 武雪梅，栾积毅，李敬芬，武冬梅 . 酞菁包埋二茂铁聚合膜修饰电极对抗坏血酸的电催化 [J] . 黑龙江医药科学，2003，26 (4)：17.

[43] 刘晓霞，黄永德，孙克，张宝砚，张玲 . 1-氯 2-甲酰基乙烯基二茂铁与钌乙烯基吡啶配合物的电化学共聚 [J] . 化学学报，2002，60 (8)：1433.

[44] 杜丹，王升富 . 二茂铁-磷钼酸电荷转移配合物修饰电极的制备及电化学性能的研究 [J] . 分析科学学报，2001，17 (1)：21.

[45] 张修华，王升富，崔仁发，杜丹 . 二茂铁-磷钼钨杂多酸超分子膜电极电化学性能的研究 [J] . 湖北大学学报（自然科学版），2002，24 (1)：1.

[46] Balaban T，Linke—Schaetzel M，Bhise A，et al. Structural characterization of artificial self—assembling porphyrins that mimic the natural chlorosomal bacterio-chlorophylls c，d，and e. Chem—Eur J 2005，11：2267.

[47] Collman J，Yan Y，Lei J，et al. Active—site models of bacterial nitric oxide reductase featuring tris—histidyl and glutamic acid mimics：Influence of a carboxylate ligand on Fe—B binding and the heme Fe/Fe—B redox potential. Inorg Chem，2006，45：7581.

[48] Collman J，Devaraj N，Decreau R，et al. A cytochrome c oxidase model catalyzes oxygen to water reduction under rate—limiting electron flux. Science，2007，315：1565.

[49] Steiger B，Anson F. Examination of cobalt "picket fence" porphyrin and its complex with 1 — methy — limidazole as catalysts for the electroreduction of dioxygen. Inorg Chem，2000，39：4579.

[50] Collman JP，Boultaov R，Sunderland CJ，et al. Electrochemical metalloporphyrin — catalyzed reduction of chlorite. J Am Chem Soc，2002，124：10670.

[51] Lei JP，Ju HX，Ikeda O. Catalytic oxidation of nitric oxide and nitrite mediated by water — soluble high — valent iron porphyrins at an ITO electrode. J

Electroanal Chem, 2004, 567: 331.

[52] Takahashi A, Kurahashi T, Fujii H. Effect of imidazole and phenolate axial ligands on the electronic structure and reactivity of oxoiron (IV) porphyrin π—cation radical complexes: drastic increase in oxo—transfer and hydrogen abstraction reactivities. Inorg Chem, 2009, 48: 2614.

[53] Collman J, Boulatov R, Sunderland C, et al. Functional analogues of cytochrome c oxidase, myoglobin, and hemoglobin. Chem Rev, 2004, 104: 561.

[54] Tu WW, Lei JP, Ju HX. Noncovalent nanoassembly of porphyrin on single—walled carbon nanotubes for electrocatalytic reduction of nitric oxide and oxygen. Electrochem Commun, 2008, 10: 766.

[55] Tu WW, Lei JP, Ju HX. Functionalization of carbon nanotubes with water—insolubles porphrin on ionic liquid: direct electrochemistry and highly sensitive amperometric biosensing for trichloroacetic acid. Chen—Eur J, 2009, 15: 779.

[56] Lu X, Li M, Yang C, Zhang Ls, Li Y, Jiang L, et al. Electron Transport through a Self — Assembled Monolayer of Thiol — End — Functionalized Tetraphenylporphines and Metal Tetraphenylporphines. Langmuir, 2006, 22: 3035.

[57] Salis A, Meloni D, Ligas S, et al. Physical and Chemical Adsorption of Mucor javanicus Lipase on SBA—15 Mesoporous Silica. Synthesis, Structural Characterization, and Activity Performance. Langmuir, 2005, 21: 5511.

[58] Diaz J, Jr. Balkus K. Enzyme immobilization in MCM — 41 molecular sieve. J. Mol. Catal. B: Enzym. , 1996, 2: 115.

[59] Ferapontova E E, Reading N S, Aust S D, et al. Direct Electron Transfer Between Graphite Electrodes and Ligninolytic Peroxidases from Phanerochaete chrysosporium. Electroanal, 2002, 14: 1411.

[60] Ferapontova E, Gorton L. Bioelectrocatalytical Detection of H2O2 with Different Forms of Horseradish Peroxidase Directly Adsorbed at Polycrystalline Silver and Gold. Electroanal. 2003, 15: 484.

[61] Yaropolov A I, Malovik V, Varfolomeev S D, Berezin I V. Direct electron transfer from peroxidase active site to electrode. Dokl. Akad. Nauk SSSR, 1979, 249: 1399.

[62] Bowden E F, Hawkridge F M, Chlebowski J F, et al. Cyclic Voltammetry and Derivative Cyclic Voltabsorptometry of Purified Horse Heart Cytochrome c at Tin — Doped Indium Oxide Optically Transparent Electrodes. J. Am. Chem. Soc, 1982, 104: 7641.

[63] Wollenberger U, Bogdanovskaya V, Bobrin S, et al. Enzyme electrodes using bioelectrocatalytic reduction of hydrogen peroxide. Anal. Lett, 1990, 23: 1795.

[64] Morales A, Cespedes F, Munoz J, et al. Hydrogen peroxide amperometric biosensor based on a peroxidase－graphite－epoxy biocomposite. Anal. Chim. Acta, 1996, 332: 131.

[65] Munteanu F D, Okamoto Y, Gorton L. Electrochemical and catalytic investigation of carbon paste modified with Toluidine Blue O covalently immobilised on silica gel. Anal. Chim. Acta, 2003, 476: 43.

[66] Huang R, Hu N F. Direct voltammetry and electrochemical catalysis with horseradish peroxidase in polyacrylamide hydrogel films. Biophys. Chem, 2003, 104: 199.

[67] Liu H, Chen X, Li J, et al. Direct electrochemistry of horseradish peroxidase in surfactant films. Anal. Chem, 2001, 29: 511.

[68] Gaspar S, Zimmermann H, Gazaryan I, et al. Hydrogen peroxide biosensors based on direct electron transfer from plant peroxidases immobilized on self－assembled thiol－monolayer modified gold electrodes. Electroanal, 2001, 13: 284.

[69] Rosatto S S, Kubota L T, De Oliveira Neto G. Biosensor for phenol based on the direct electron transfer blocking of peroxidase immobilising on silica－titanium. Anal. Chim. Acta, 1999, 390: 65.

[70] Ferri T, Poscia A, Santucci R. Direct electrochemistry of membrane－entrapped horseradish peroxidase. : Part I. A voltammetric and spectroscopic study. Bioelectrochem. Bioenerg, 1998, 44: 177.

[71] Chen X, Ruan C, Kong J, Deng J. Characterization of the direct electron transfer and bioelectrocatalysis of horseradish peroxidase in DNA film at pyrolytic graphite electrode. Anal. Chim. Acta, 2000, 412: 89.

[72] Wang J, Ciszewski A, Naser N. Stripping measurements of hydrogen peroxide based on biocatalytic accumulation at mediatorless peroxidase/carbon paste electrodes. Electroanal, 1992, 4: 777.

[73] Hui H W, BaoZ W. Electro chemistry [J], 1998, 2: 210.

[74] Rekha K, Gouda M S, Thakur M S. Ascorbate oxidase based amperometric biosensor for organophosphorous pesticide monitoring [J] . Biosens Bioelectron, 2000, 15: 499.

[75] Lu S Y, Li C F, Zhang D D, Zhang Y, Mo Z H, Cai Q, Zhu A R. J. Electron transfer on an electrode of glucose oxidase immobilized in

polyaniline. Electroanal. Chem，1994，364：31.

[76] Os van，P J H J，Bult A，Koopal C G J，Bennekom van W P. Glucose detection at bare and sputtered platinum electrodes coated with polypyrrole and glucose oxidase Anal. Chim. Acta，1996，335：209.

[77] De Taxis Du Poet P，Miyamoto S，Murakami T，Kimura J，Kimura J，Karube I. Direct electron transfer with glucose oxidase immobilized in an electropolymerized poly（N－methylpyrrole）film on a gold microelectrode Anal. Chim. Acta，1990，235：255.

[78] Narasimhan K，Lemuel B Wingard Jr. Anal. Chem，1986，58：2984.

[79] Savitri D，Mitra C K. Bioelectrochem. Bioenerg，1998，47：67.

[80] Ianniello R M，Lindsay T J，Yacynych A M. Differential pulse voltammetric study of direct electron transfer in glucose oxidase chemically modified graphite electrodes. Anal. Chem，1982，54：1098.

[81] Bogdanovskaya V A，Tarasevich M R，Hintsche R，Scheller F. Bioelectrochem. Bioenerg，1988，19：581.

[82] Yabuki S，Shinohara H，Aizawa M. Electro－conductive Enzyme Membrane. Chem. Comm，1989，945.

[83] Wang J，Liu J，Chen L，Lu F. Highly Selective Membrane－Free，Mediator－Free Glucose Biosensor. Anal. Chem，1994，66：3600.

[84] Ying－lin Z，Nai－fei H，Yong－huai Z，et al. Layer－by－Layer Assembly of Ultrathin Films of Hemoglobin and Clay Nanoparticles with Electrochemical and Catalytic Activity Langmuir，2002，18（22）：8573.

第五章　介孔材料免疫传感器

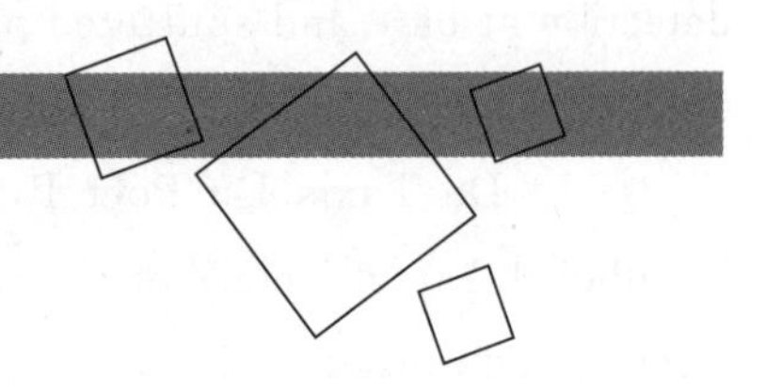

5.1　免疫传感器

健康的机体能够通过许多不同的机制防御微生物、病毒及有害物质的侵袭，这些防御机制包括天然免疫和获得性或特异性免疫。通常能诱导特异性免疫的外源性物质被称为抗原。这些抗原能够通过侵染或其他途径刺激动植物机体的免疫系统，诱导发生免疫应答，产生以抗体或淋巴细胞为主的免疫应答。免疫分析方法的理论基础是抗体-抗原的特异性反应，所谓特异性即抗体对抗原的特异性识别，结构之间具有针对性和专一性。特异性是免疫应答最重要的特点，也是免疫学诊断与防治的理论依据。

5.1.1　抗体-抗原相互作用

抗体和抗原之间存在弱相互作用力，抗原可以被抗体高特异性的“分子”识别，形成稳定的复合物。抗原特异性的物质基础在于抗原表面的特殊基团，即抗原（antigen，Ag）蛋白。抗体（antibody，Ab）是机体在抗原刺激下所产生特异性球蛋白。抗原与抗体的结合实质上是抗原决定簇与抗体超变区的结合，抗体 N 端可变区可形成一个平穴槽，大小约 150nm×6nm×6nm，抗体如楔状嵌入，由于两者在化学结构和空间构型上呈互补关系，抗原与抗体的结合具有高度特异性。抗体可从结构与生物功能上分为五类，分别为 IgG、IgA、IgE、IgM 和 IgD。IgM 和 IgG 是机体受到外来物质入侵时产生的第一抗体和第二抗体；IgA 的作用是保护黏膜；IgE 的作用是保护机体免受寄生虫的侵害；而 IgD 的主要功能尚未可知。在这五大类抗体中，IgG 在免疫分析中用得最多，这是因为这类抗体丰度最高且容易得到。IgG 的结构通常以包含四条多肽的“Y”型结构来表示，这条多肽中有两条分子量 55000～60000 的重链，另两条是相对分子量为 20000～24000 的轻链。“Y”型结构上端的分叉部位为 Fab 端，Fab 端的可变区和超可变区组成识别抗原活性部位，抗原就是抗体的这个活性部位相结合的。“Y”型结构下端的单股部分是 Fc 端，它不能与抗原结合，但是可帮助抗体附着于细胞表面，帮助其通过胎盘组织。[1]

抗体（Ab）-抗原（Ag）的结合遵循以下平衡方程：

$$K=\frac{[Ab-Ag]}{[Ab+Ag]}$$

其中 K 为反应平衡时的速率常数；Ab－Ag 为抗体-抗原复合物。K 的范围为 10^6 ～10^{12} L/mol，通常只有亲和常数 K 较大的抗体（≥10^8 L/mol）具有较低的交叉反应性，这些性质使得许多抗体成为免疫分析及生物传感器设计中的理想生物识别成分。另外，单克隆抗体特别适用于免疫分析[2]。单克隆抗体是由单一细胞系合成的，因此具有相同的抗原决定簇特异性和亲和性，是可以大量制备的均质抗体。与多克隆抗体相比，单克隆抗体显示出更高的特异性和均质性，可减少纯化步骤。

基于抗原和抗原特异性结合形成稳定的免疫复合物，人们发展了多种多样的免疫传感器，将高灵敏度的传感技术与特异性免疫反应结合，用以检测抗原-抗体反应的生物传感器称作免疫传感器。免疫传感器是利用抗原抗体特异性识别和结合的双重功能而设计的检测装置。抗原或抗体分子以某种形式固定在电极表面，固定化的抗原或抗体与对应的抗体或抗原形成稳定的复合物，这些复合物导致电极电位或电流、电容、电导等变化。

免疫分析是一种常用的生物分析方法，通过抗体与对应的抗原（待分析物）形成免疫复合物，进而对待分析物进行定量检测。根据免疫反应的方式不同，免疫分析可分为异相免疫分析和均项免疫分析两大类。抗原和抗体之间特殊的结合作用也导致溶液体系中均相免疫分析和固相界面免疫分析传感器的高灵敏度[3]。

按照检测方法的不同免疫分析又可分为基于同位素标记的放射免疫分析方法、酶免疫分析、荧光免疫分析方法、时光分辨荧光免疫分析、电化学免疫分析、化学发光免疫分析、电化学发光免疫分析等。一般来说，多数检测方法均采用异相免疫分析方式，其原理是通过物理方法将抗原-抗体复合物与未结合的抗原、抗体分离，检测与复合物相结合的标记物。按照抗原抗体的不同结合方式又细分为直接法、间接法、夹心法和竞争法检测。竞争法和夹心法是两种最常见的异相免疫分析方法，它们皆通过免疫结合固定的信号探针进行定性、定量分析，其中夹心法多用于大分子物质的测定，竞争法多用于小分子物质的测定。

5.1.2　双抗夹心法测定

双抗夹心法利用两种可以与抗原结合的抗体（一抗和二抗）进行测定，其原理如图 5－1 所示。首先将一抗固定在固相载体表面，加入含有抗原的待测样品与抗体结合，再加入特异性标记抗体（二抗），形成抗体（一抗）-待测物（抗原）-酶标抗体（二抗）的复合物，酶通过酶助催化底物反应获得生成物，生成物可以通过光、热、电、磁、称重等方式被检测，酶催化底物产生的信号与待测抗原的量成正相关。在理想的双抗夹心免疫分析中，当待测物不存在时，由于没有位点来结合信号抗体，将不产生信号。但在实际应用中由于信号抗体与免疫分析体系中其他组分的非特异性结合，导致空白样品也有信号产生。这时通常需要加入封闭剂减少非特异性反应。检测体系中信号抗体的量也应考虑非特异性吸附问题。

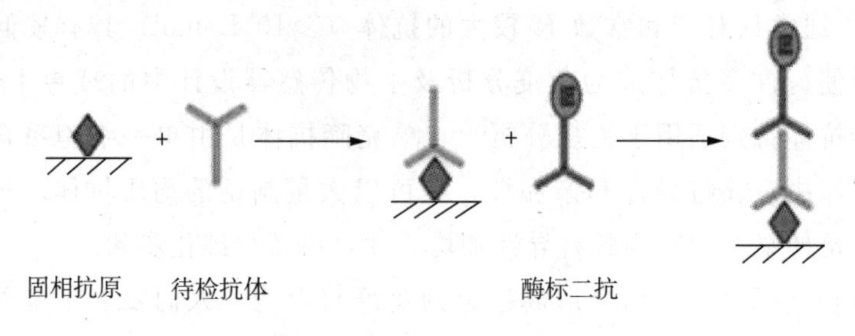

图 5-1　双抗夹心法示意图

Aguilar 等[4]报道了一种微型的双位点夹心免疫分析体系，可用于检测鼠 IgG。首先将捕获抗体（抗鼠 IgG 抗体）固定于直径 50um 的 Au 盘微电极表面，抗体捕获待测鼠 IgG，鼠 IgG 其他不同的位点再与特异性 AP 标记信号抗体结合。AP 催化底物 4-氨基磷酸苯酯生成 4-氨基苯酚，通过检测 4-氨基苯酚的氧化电流来定量检测待测物，检测限可达飞克级别。

5.1.3　竞争法

竞争法检测原理为有标记抗原与未标记抗原（待测或标准品）竞争结合抗体的竞争法、固相抗原与异相抗原（待测或标准品）竞争结合标记抗体的竞争法等。第一种竞争法是用未标记分析物（抗原）和一定量的标记抗原与抗体竞争进行竞争反应，未标记抗原与标记抗原竞争固定于固相载体的抗体所提供的结合点。该技术可进一步分为两种方法：未标记抗原与标记抗原同时存在于免疫反应中，使抗原与抗体间达到质量平衡，这一方法被称为平衡饱和法；先用未标记抗原再用标记抗原完成其他，它被称为非平衡分析法或分布饱和法。它们的主要特点是：检测总是在抗体过剩的条件下进行，灵敏度取决于抗体对抗原的亲和性，其最低检出浓度可达每毫升含 10^7 个待测分子[5]。反应式如图 5-2 所示，固相抗原与异相抗原竞争结合标记抗体的竞争法免疫是免疫传感中常用的分析方法，可以测定大分子如蛋白质，也可以测定小分子如药物、激素等。

例如用于检测兔 IgG 的伏安酶免疫传感器采用的就是竞争免疫模式[6]，先用链霉亲和素修饰丝网印刷碳电极（SPCE），然后结合生物素修饰的抗兔 IgG 和碱性磷酸酶（AP）标记兔 IgG 反应。这两种抗原竞争与抗兔 IgG 抗体所提供的有限的结合点进行反应，再用方波伏安法检测酶催化产物的氧化信号。

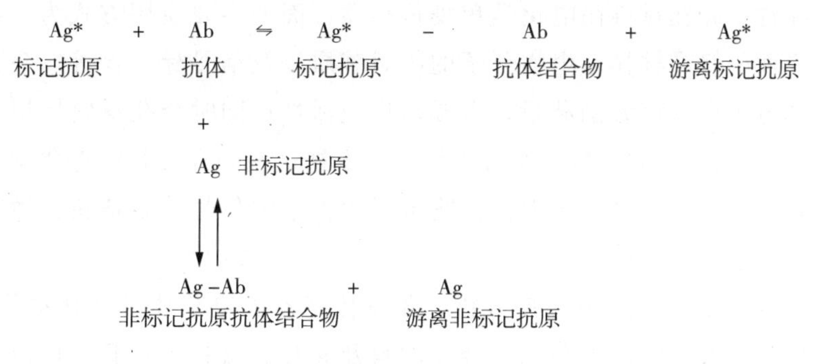

图 5-2 标记抗原的竞争免疫分析

5.2 介孔材料免疫传感器

5.2.1 介孔材料免疫传感器结构与性能

传感器通常由直接响应于被测量的敏感元件、产生可用信号输出的转换元件和相应的电子线路所组成，将高灵敏度的传感技术与特异性免疫反应结合起来，用以监测抗原-抗体反应的生物传感器称作免疫传感器[7]。免疫传感器的工作原理和传统的免疫测试法相似，都属于固相免疫测试法，即把抗原或抗体固定在固相支持物表面，来检测样品中的抗体或抗原。抗体与对应的抗体或抗原形成稳定的复合物，这些复合物导致电极电位的变化。免疫传感器设计包括三个密切相关的部分：生物识别部分、物化换能器部分和电子线路部分。抗体或抗体衍生物（抗原或半抗原）作为生物识别要素，直接固定在物化换能器上具有高选择性和灵敏性。电子线路用来放大或数字化由换能器装置输出的物理化学信号，如电化学（电势、电导、电容、阻抗、安培）、光学（荧光、发光、折射率）和微重量分析等。

电化学免疫传感器是利用抗体与相应抗原的识别和结合的双重功能而设计的检测装置。抗体被固定在膜上或电极表面上，固定化抗体识别与其对应的抗原形成稳定的复合物，这种复合体会引起膜电位或电极电位的变化，变化值与待测抗原浓度之间存在定量关系。

在免疫传感器或异相免疫传感器中，通常会将免疫试剂（抗原或抗体）固定于固相载体上。固定化的抗体或抗原对目标分子的识别是整个分析过程的第一步，因此固定方式和固定量对分析的灵敏度、重现性和可靠性具有重大的影响。所以如欲获得理想的分析效果，固相载体就需要具备较好的表面性质。理想的固定载体应具备以下特征：(1) 具备功能化的表面，是有效的抗原、抗体等免疫试剂；(2) 固定方式不可破坏免疫试剂的结构，显著降低其生物活性；(3) 具备较大的比表面积，以保证较大的固定量；(4) 具有较好的亲水性，以降低非特异性吸附；(5) 有一定的机械强度，以保证其可操作性。介孔材料在电化学免疫传感器方面的主要应用方式为，将介孔材料作为传感器界面的修饰材料、生物分子的固载基质以及信号标记物等。介孔材料作为基底固载生物分子可以增大固载量，以提高反应活性；同时介孔材料标记的抗体（抗原），可保留其生物活性和对应的组分作用，并根据这些介孔材料的电化学检测确定分析物的浓度，使用介孔材料的放大标记物可以大大增加信号，制备超灵敏的电化学免疫传感器

介孔材料与技术的发展为免疫分析、免疫传感器固定载体的选择提供了新途径。一系列纳米尺度的新材料，如介孔贵金属材料及介孔碳材料等得到了广泛的应用，表现出良好的生物相容性和令人惊叹的固定能力。在过去的 20 年中，大量具备较好的亲水性、多孔性的生物相容性介孔材料已被用作免疫传感的固相载体。

近年来介孔材料由于自身独特的优点，在免疫传感器的制备及应用中也得到发展[8,9]。Chen 等把介孔纳米结构的金薄膜通过电化学方法沉积在玻碳电极表面，固定受体蛋白，通过夹心结构的免疫传感器来检测抗原。在检测过程中，由于电极表面有不溶物的生成，使得生物催化活性发生改变，抗原-抗体反应使阻抗信号放大，这种免疫传感器具有很好的灵敏性和选择性，方法的检测下限达 9ng/L。

5.2.2 介孔碳双夹心法检测

介孔碳材料有高的比表面积、高的孔体积以及很好的化学和机械稳定性，其中纳米碳管，特别是孔径在 2～50nm 的纳米碳管可以看成是一类特殊的介孔碳材料。自从纳米碳管（CNT）被发现以来，其特有的力学电学和化学性质以及独特的准一维管状分子结构引起了物理化学、材料科学和纳米科技领域学者的极大兴趣，碳纳米管以其大比表面、良好的机械性质以及快速的电子传递能力被广泛应用于电分析化学研究领域。碳纳米管可用于夹心免疫分析中检测电活性标记物，可以利用碳纳米管作为基底或者标记物制备夹心型免疫传感器。Xin Yu[10] 利用 SWNTs 制作了超灵敏的免疫传感器，检测了血清和组织细胞中的癌细胞抗体。他们首次采用 HRP 和二抗 Ab2 的多标记 SWNTs 免疫传感器，检测了前列腺癌抗体，其准确性和灵敏度比用普通酶联免疫法有明显提高。Rusling 研究组发现，碳纳米管阵列与辣根过氧化物酶连接修饰电极时，电子在辣根过氧化物酶与碳纳米管阵列之间传递效果很好。因此，他们进一步将碳纳米管阵列用于夹心型免疫分析[11]：首先通过碳纳米管大的比表面积和高的表面能将一抗固载在电极表面，再通过夹心反应在电极表面捕获碳纳米管负载的酶标记的二抗，底物中加入 H_2O_2 由于 HRP 和碳纳米管的协同催化作用，该免疫传感器的电化学响应信号大大增强，以前列腺癌标记物（PSA）为分析对象，检出限达 4ng/L，对未稀释的牛血清，检出限达到 40fg/mL，如图 5－3 所示。

Lin 等[12]将抗甲胎蛋白（AFP）抗体沉积在金纳米/碳纳米管/壳聚糖上，用碱性

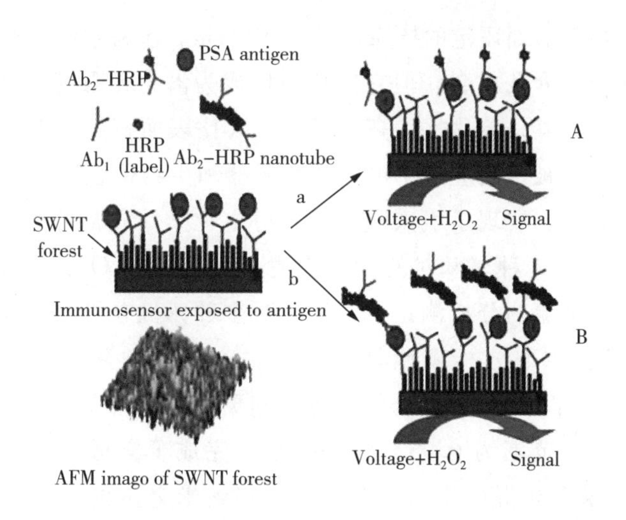

如图 5-3　利用碳纳米管森林制备电化学免疫传感器（引自参考文献 10）

磷酸酶标记二抗，制备夹心型电流免疫传感器，检出限低至 0.6ng/L，优于其他 AFP 传感器。Park 等[13]报道了碳纳米管免疫传感器用于检测 2，4，6-三硝基甲苯（TNT），利用置换模式，单壁碳管网络传导通道先修饰三硝基苯（TNP），然后连接抗-三硝基苯抗体，当与 TNT 或其衍生物作用，发生置换导致阻抗或者电导发生变化进而可以测定 TNT，检测范围为 0.5～5000 ng/L，该免疫传感器利用置换反应的前后变化获取信号较为新颖，且方法的线性范围较宽。Song 等[14]利用交联剂将 L-半胱氨酸接枝到壳聚糖上，制得具有丰富巯基和氨基的生物复合物，并用以固定纳米金，可同时固定两种抗体（Ab1），制备得到可同时捕获两种分析物的生物传感界面，将具有显著信号差别的两种电活性物质标记到两种抗体（Ab2）上，进而同 HRP 一起将其固定到 HPtNPs 上，设计了具有识别作用和信号放大作用的生物耦合物探针，通过夹心免疫反应模式，利用固定在具有良好生物兼容性敏感界面上的两种捕获抗体将其结合到传感器界面上。由于生物探针中的 HRP 和 HPtNPs 对底物具有协同催化行为，能有效放大信号，提高灵敏度，从而实现了对两种低浓度生物分子的放大检测。根据两种电活性物质伏安峰电位的差异，研制了基于同一敏感界面的可进行两组份分析物同时测定的高灵敏电化学免疫传感器。此外，Viswanathan 等[15]开发出一种基于聚亚胺包裹碳纳米管的印记电极用于检测癌胚抗原，这种方法用对二茂铁标记的抗 CEA 包裹的脂质体进行检测，检出限低至 1ng/L。这些研究充分说明碳纳米管是一种很好的免疫传感器电极材料。抗原/抗体在传感器电极表面的固定效率与所研制传感器的灵敏度、特异选择性、可逆性和使用寿命等直接相关。但是，目前基于碳纳米管的免疫传感器的抗原/抗体主要是通过物理吸附法固定。物理吸附法虽然简单，但美中不足的是在反应过程中随机导向问题严重，特异选择性不强，利用物理吸附法固定的生物分子与固体表面的结合存在不牢固、易脱落、灵敏度差等缺点。与物理吸附相比，通过共价键的生成在碳纳米管电极表面固定的抗原/抗体非常稳定，不易被溶剂洗脱。

石墨烯尽管不属于介孔材料，但它同样可以成为潜力无限的碳电极材料，它因独特的物理化学性质，尤其是单片性、高传导性、大比表面积、无毒性及良好的电子传递动力学特性等特点，被广泛应用于电化学传感器和生物传感器[16]。石墨烯上存在高密度的棱面类缺陷位点，展现了引人瞩目的良好电化学性质。将其修饰到玻碳电极表面，可成功实现对DNA4种碱基对的同时检测，以及对H_2O_2、NADH、多巴胺、尿酸、醋氨酚、抗坏血酸等的分析测定。石墨烯对多种无机有机电活性物质的电分析应用，进一步说明了它在电分析领域是一个非常有前景的新型碳电极候选材料[17]。Huang等用金掺杂的石墨烯纳米复合物制备了超灵敏的电化学免疫传感器用于沙丁胺醇（SAL）检测，线性范围为0.08～1000μg/L，完成了实样猪饲料中SAL的分析。Zhong等[18]利用纳米金与蛋白质的氨基作用，将纳米金包裹的石墨烯纳米复合物与HRP-抗-CEA相结合，以制备的生物纳米标记物作为二抗，以普鲁士蓝/纳米金复合物作为固定一抗的免疫平台，制备了夹心型免疫传感器，用于检测癌胚抗原CEA，检测范围为0.05－350μg/L，检出限达0.01μg/L。杨云慧等[19]利用石墨烯及中空结构的金纳米笼构建了无标记型电化学免疫传感器，并用于微囊藻毒素的检测。他们利用多元醇还原法合成制备了导电性好、催化性强、生物相容性好的金纳米笼；再利用高分散的石墨烯将其固定于玻碳电极表面，进一步吸附固定微囊藻毒素抗体。在无微囊藻毒素存在时，电化学探针$[Fe(CN)_6]^{3-/4-}$在传感器界面上能获得较高的电流响应信号。当培育了微囊藻毒素后，抗体与微囊藻毒素形成免疫结合物，增加了电极表面的电荷密度和传质阻力，阻碍$[Fe(CN)_6]^{3-/4-}$扩散到电极表面，从而导致$[Fe(CN)_6]^{3-/4-}$的电流响应信号强度明显降低，电流减小的程度间接地与微囊藻毒素的浓度成比例，这可实现对微囊藻毒素的检测。实验考察了抗原培育时间、抗体浓度等条件对该传感器响应性能的影响，结果表明此传感器对微囊藻毒素的线性响应范围为0.05～1000μg/L，检出限为0.017μg/L，优于前期文献报道。Yang等用石墨烯固定媒介体硫堇辣根过氧化物酶和二抗抗前列腺癌抗原作为免疫标记物（GS-TH-HRP-Ab2），同时一抗抗-PSA（Ab1）也固定到石墨烯表面，通过对抗原检测，发现其线性范围宽（0.002～10μg/L），检出限低（1ng/L），重现性好，选择性和稳定性也高的优点。他们还将一抗抗-PSA抗体固定于石墨烯表面，量子点功能化的石墨烯固定的二抗作为标记物用于制备夹心型电化学免疫传感器检测其他肿瘤标志物。Du等[20]报道了一种新型电化学免疫传感器检测肿瘤标志物——甲胎蛋白，其中使用石墨烯为传感器平台，功能化碳纳米球（CNSS）标记的辣根过氧化物酶-二抗（HRPAb2）为探针，该免疫传感器的信号被双重放大，获得检测信号是无石墨修饰和碳球标记传感器的7倍。Du等[21]用功能化的石墨烯氧化物与辣根过氧化酶磷酸化$p53^{392}$二抗结合，通过夹心免疫反应，将辣根过氧化酶-$p53^{392}$二抗-石墨烯氧化物捕获于电极表面，在H_2O_2存在下，通过硫堇产生放大电催化响应，对磷酸化的 p53[392] 检测的浓度范围为 0.02～2nmol/L，检出限达 0.01nmol/L，低于传统夹心型电化学免疫传感器的 10 倍。

5.2.3　介孔碳生物素-亲和素免疫检测

生物素（biotin）亦称维生素 H，分子质量约 244.31u，作为小分子可偶联在许多蛋白质多肽大分子上，但不对其理化性质及生物学活性产生明显影响。亲和素，包括源于卵清蛋白的亲和素（avidin）和链霉菌提取的链亲和素（streptavidin，SA），后者分子量约 65000u，1 分子亲和素可与 4 分子生物素结合，两者间的亲和力极强且不可逆，亲和素-生物素系统在分子识别、相互作用纯化检测固定标记病毒载体、非放射性药物靶向系统等研究中发挥着重要作用。近年来，特异性亲和作用如生物素-（链霉）亲和素相互作用，已广泛应用于免疫分析体系抗体固定技术。这种技术可以用来固定不同的生物分子，如核酸、多糖、蛋白质以及免疫分析/免疫传感器中的抗体[22]。该方法需要将捕获抗体进行生物素化修饰，以及用亲和素涂覆在固相表面。生物素-亲和素的解离常数为 10^{-15}mol/L 数量级，在所有发现的非共价结合作用中属于较高的结合自由能[23]。结合物耐高温、耐酸碱，且洗涤剂、蛋白质变性剂等化学物质均不影响其结合[24]。另外，用这种方法固定的抗体仍能保持其生物活性。在许多情况下，通常用电中性亲和素（pI6.3）来降低带电物质的非特异性结合，而与生物素的结合能力不受影响。近来文献报道[25]，将生物素修饰的抗结核菌体固定于链霉亲和素修饰的丝网印刷碳电极 SPCE 表面，将 SPCE 电极置于 0.1mol/L 的 H_2SO_4 中，施加 25μA 的阳极电流氧化 2 分钟，增强电极的亲水性，从而增强 SPCE 的吸附性。然后加入链霉亲和素溶液，过夜后，加入牛血清蛋白（BSA）封闭 SPCE 上的其余活性点。生物素修饰的抗结核菌抗体与电极上的链霉亲和素反应 90 分钟，然后通过将结核菌抗原与单克隆抗体的复合物固定于电极表面，再结合 AP 标记的兔抗体、鼠抗体构成免疫传感器（见图 5-4（a）所示）。加入底物 3-吲哚磷酸酯，AP 催化底物生成靛蓝，进一步生成水溶性的靛蓝胭脂红，选择循环伏安或方波伏安检测信号，用这种方法检测结核菌的检测限为 1ng/mL。另一种方法是将单克隆兔抗体、鼠抗体直接吸附到预处理过的 SPCE 表面（见图 5-4（b）所示），检测限为 40ng/mL，与前一种方法相当。说明生物素-链霉亲和素亲和作用适用于电化学免疫传感器的抗体固定。

2004 年报道了一种基于单壁碳纳米管的介质型电化学免疫传感器检测 HRP 标记的生物素和未标记的生物素[26]。利用竞争免疫分析模式，HRP 标记的生物素和未标记的生物素竞争亲和素标记的捕获抗体上有限的抗原结合位点。在该体系中选用 HQ 介质在 HRP 和 H_2O_2 之间传递电子，使 H_2O_2 偶联催化反应易于进行。HRP 标记的生物素和未标记的生物素的检测限分别为 2.5nmol/L 和 16μmol/L。在一些体系中，这种方法存在的问题是可溶性的介质会进入溶液中，从而降低免疫传感器的灵敏度。Ju 组[27]

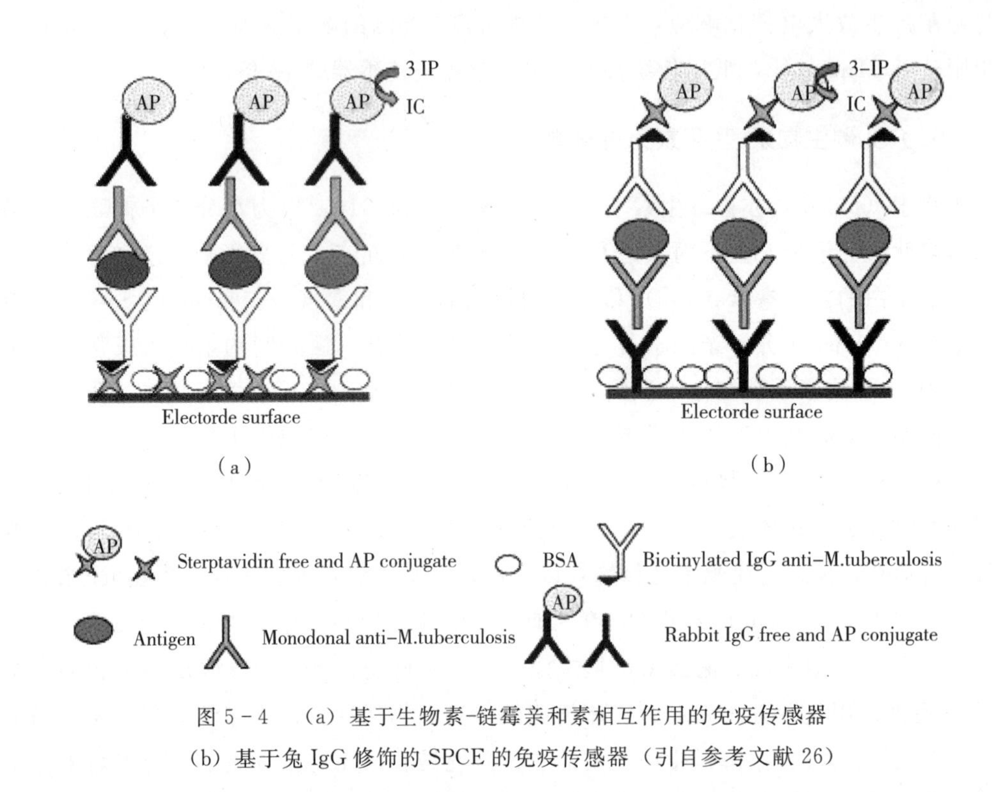

图 5-4 (a) 基于生物素-链霉亲和素相互作用的免疫传感器

(b) 基于兔 IgG 修饰的 SPCE 的免疫传感器（引自参考文献 26）

利用 3-缩水甘油醚丙基三甲氧基硅烷处理二氧化硅介孔薄膜后，采用链霉亲和素进行生物功能化，基于链霉亲和素对生物素化抗体的高特异性识别作用，他们构建了检测 CA125 的化学发光免疫传感器。薄膜上的三维有序的介孔对链霉亲和素和抗体具有很大的固载容量，并且有利于免疫试剂的扩散。因此这种免疫器表现出良好的重现性与稳定性、较快的响应速度以及较宽的线性范围（0.5～400U/mL）。Mao 等[28]利用了生物素和脱硫生物素与亲和素之间结合常数的不同，设计了一种循环富集金纳米粒子的方法。这种方法以纳米金标记的亲和素为免疫标记试剂，以脱硫生物素化的抗体为标记二抗，在免疫反应完成后，向微孔板中加入生物素，由于生物素同亲和素之间的结合常数远远大于脱硫生物素与亲和素之间的结合常数，结合于微孔板上的金纳米粒子便被洗脱下来，而微孔板上的亲和素依然保持其生物活性，可以继续结合纳米金标记脱硫生物素，经过独特的多次循环，可实现信号增强的目的。Malhotra 等[29]用树林状的单壁碳纳米管修饰电极作为仿生界面固定捕获抗体，利用生物素-亲和素作用，将辣根过氧化物酶和抗体固定在多壁碳纳米管上作为生物耦合物探针，采用夹心免疫反应模式，利用酶对底物的催化放大生物识别反应的信号。结果显示，多壁碳纳米管和生物素-亲和素作用能显著提高酶的固载量，更好地放大响应信号，检测下限可达 0.5pg/mL。

5.3 介孔材料电化学检测技术

5.3.1 电位型免疫传感器

电位型传感器（如离子选择性电极）的基本工作原理为：在检测过程中，当电位型传感器的电流接近临界零点值时，传感器界面处于平衡状态，此时电极或者表面修饰的电势变化与溶液中特定金属离子活度呈对数比例关系。电位型免疫传感器是基于测量电位变化而进行免疫分析的生物传感器，它结合了酶免疫分析的高灵敏度和离子选择电极、气敏电极等的高选择性的优势，可以将生物识别反应转换为电信号。该信号与生物识别反应过程中产生或消耗的活性物质浓度的对数成正比，即与待测物质浓度的对数成正比，在一定的范围内，待测物质浓度与电势之间的关系遵循能斯特方程。电位型免疫传感器可直接或间接检测各种抗原、抗体，具有响应时间较快、可实时监测等特点。1975 年 Janata 等[30]首次报告了这种免疫传感器，它是通过聚氯乙烯膜把抗体固定在金属电极上，当待测抗原与固定在电极表面上的抗体特异性结合后，使电极上的膜电位发生相应的变化，膜电位的变化值与待测抗原浓度之间存在对数关系。已有报道基于同样原理，使用不同固定方法构制这类电位型免疫传感器，用于测量乳腺癌抗原、乙型肝炎表面抗原、甲胎蛋白等。但是上述传感器不可避免的缺点就是灵敏度低、线性范围窄且不稳定。

2004 年，袁若等[31]利用吸附在铂电极表面 Nafion 膜中负电性的磺酸基与乙型肝炎表面抗（HBsAb）分子中的氨基阳离子之间的静电作用实现抗体的结合，同时通过纳米金（Au）增加抗体的固定量，以及聚乙烯醇缩丁醛（PVB）薄膜的笼效应把乙型肝炎表面抗体和纳米金固定在铂电极上从而制得高灵敏、高稳定电位型免疫传感器（PVB/Au/HBsAb/Nafion/Pt）。通过循环伏安法和交流阻抗技术考察了电极表面的电化学特性，并对该免疫传感器的性能进行了详细地研究。该免疫传感器具有制备简单、灵敏度高、线性范围宽、响应时间快（小于 3 分钟）、稳定性好、寿命长（大于 4 个月）、选择性高等特点。同期，唐点平等[32]研制了纳米金修饰玻碳电极固载抗体电位型免疫传感器并用于检测白喉类毒素，其结果令人满意。2005 年，Fu 等[33]将巯基乙胺（AET）固定到金电极表面，进而化学吸附附纳米金颗粒，再将免疫球蛋白抗体（anti－IgG）吸附在纳米金颗粒表面，从而制得高灵敏电位型免疫传感器。通过循环伏安法和交流阻抗检测技术表明，纳米金组装电极与裸金电极相比有较大差异，其检出限为 12ng. mL^{-1}，实验结果与 ELISA 实验结果相近，这就有效地解决了电位型免疫传感器灵敏度低、线性范围窄等缺点。酶标记电位型免疫传感器将免疫化学的专一性和酶化学的灵敏性融为一体，实现了对低含量物质的检测。标记酶有辣根过氧化物酶、葡萄糖氧化酶、碱性磷酸酶和脉酶等。酶标一记传感器（电位型或电流型），最后均可归结为是对 NADH、苯酚、O_2、H_2O_2、NH_3 等电活性物质的检测。Ghindilis[34] 用乳糖酶标记胰岛素抗体与样品中的胰岛素抗体竞争结合固定在电极上的胰岛素位点，乳糖酶能通过催化电极上的氧化还原反应致电极电势增加，其增加旦与样品中胰岛素相关。该检测有很宽的线性范围，且方法操作简便，电位变化明显，有利于免疫反应的动力学分析。Wang 等[35] 报道了一种创新性免疫分析方法：当夹心免疫反应完成后，使用具有低检测下限的镉离子选择性电极，检测标记物 CdSe 量子点溶解产生的 Cd^{2+}（在一定时间内 CdSe 易被 H_2O_2 氧化释放出 Cd^{2+}），由于 Cd^{2+}、CdSe、抗体（被标记）、抗原（待测）之间存在相关性，由此得到间接检测鼠血清 IgG 的电位型量子点标记免疫分析方法。该法具有较宽的线性范围和较低的检测限，在 150μL 的样品中，其线性响应范围为 0.15～4.0pmol/L，检测下限小于 10fmol/L。敏感膜如 PVC 膜、醋酸纤维素膜、聚合物薄膜、蚕丝膜，以及固定化技术、膜电极制备技术的提高使离子选择电极、pH 电极和气敏电极等得到了极大的发展空间。虽然电位测量型免疫传感器能进行定量测定，但是它们信号、噪声比较低，线性范围窄，与离子选择电极相联系的免疫传感器不可避免地要受到其他离子的影响，实际应用受限。

5.3.2 电流型免疫传感器

电流型免疫传感器是介孔材料最有前景的应用领域之一。在电流型免疫传感器的研究应用中引入介孔材料，一方面是因介孔材料比表面积大、吸附能力强，不仅能将抗体等生物大分子牢固地吸附在其表面并保持生物活性，而且将其引入电极界面，还可以有效增加电极的电活性面积，加快电子传递，增强电极的导电性，从而提高响应速度，进而改善传感器的性能；另一方面，以介孔材料载体将抗体与标记物制备成具有识别和信号放大作用的生物纳米探针，进行夹心免疫反应并将其引入传感器界面上，可增强电流型免疫传感器的分析性能，从而实现低浓度抗原的放大检测。电流型免疫传感器主要是电活性物质在恒电位条件下发生氧化还原反应，利用电极上产生电流与电极表面的待测物浓度的比例关系进行测定。电流型免疫传感器测量的是恒定电压下通过电化学室的电流，待测物通过氧化还原反应在传感电极上产生的电流值与电极表面的待测物浓度成正比。此类系统有敏感性高和浓度线性相关性强等优点（比电位测量式系统中的对数相关性更易换算），很适于免疫化学传感器。电流型免疫传感器的原理主要有竞争法和夹心法两类。前者是用酶标抗原与样品中的抗原竞争结合电极上的抗体，催化氧化还原反应，产生电活性物质而引起电流变化，从而测定样品中的抗原浓度；后者则是在样品中的抗原与电极上的抗体结合后，再加酶标抗体与样品中的抗原结合，形成夹心结构，从而催化氧化还原反应，产生电流值变化。常用来作为标记的酶有碱性磷酸酶、辣根过氧化酶、乳酸脱氧酶、葡萄糖氧化酶、青霉素酰化酶和尿素水解酶等[36,37]。电流型免疫传感器的测定过程一般包括两个步骤：先通过一个竞争式或夹心式的免疫反应，将酶标记物键合在传感器表面；然后通过一个酶催化反应引起测试体系的电流变化。1980 年 Aizawa 将 AFP 抗体固定于醋纤膜上，并将此膜紧贴在电流型氧电极的透氧膜表面，组装成测定 AFP 的免疫电极，用过氧化物酶标记 AFP，竞争法检测 AFP 线性范围达到 10^{-11} ~ 10^{-8} g/mL[38]。不过该测定系统易受样品溶解氧及 pH 的影响，工作电位较高，背景较差。虽然通入气体氩能有效消除溶解氧，但无形中又增添了许多麻烦。第二代酶标记电流型免疫传感器使用电活性物质替代分子 O_2，基本克服了上述问题。这些电活性物质包括二茂铁衍生物、苯醌、氯醌、亚甲基蓝、血红素等。Ciana[39]选择对羟基磷酸苯为碱性磷酸酶的底物，结合 FIA（流动注射分析）使 AFP 检测下限达到 0.07ng/mL。2004 年 Dai 等[40]研制了基于玻碳电极的电流型免疫传感器，以硫堇分子的电化学信号作为检测的依据，成功地检测了 CEA（癌胚抗原）。同期，Hou 等[41]将双亲性十八烷基胺和二十二烷酸制成的 LB 膜沉积到由 1-十八烷基硫醇修饰的银表面，制成的免疫传感器灵敏度高、特异性好，其线性范围在 200～1000ng/mL，用于检测人血清中 IgG，得到满意结果。Yang[42]利用 Au-TiO_2 纳米粒子作为生物相容性敏感传感器界面，用 HRP 标记抗体（HRP-Ab2）功能化的空心 Pt 纳米微球为标记物（HRP-Ab2-HPtNPs），以对苯二酚（H_2Q）为电子媒介体，通过 HPtNPs 和 HRP 对 H_2O_2 催化还原电流信号的放大，构建了一种新型的电流型免疫传感器（如图 5 所示）。该免疫传感器对肿瘤标志物 CEA 的检测限为 12pg/mL。

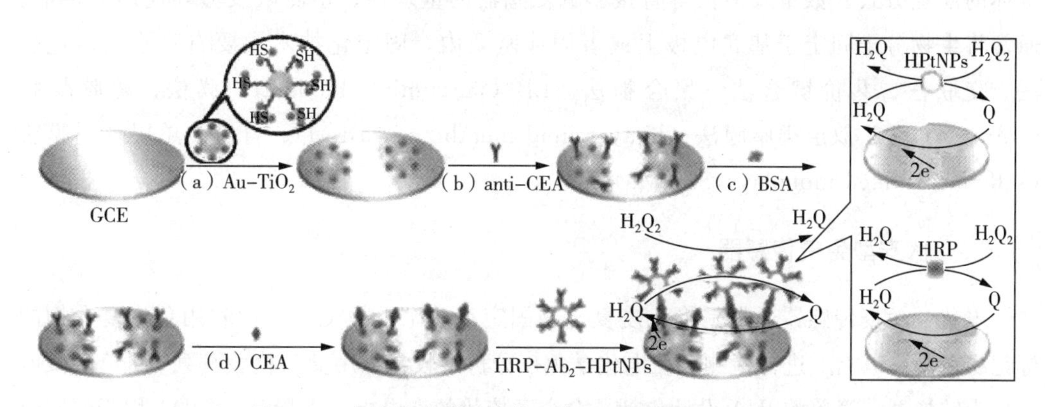

图 5-5 免疫传感器的修饰示意图（引自参考文献 42）

(a) Dropping of the Au-TiO_2 hybrid; (b) anti-CEA loading;

(c) Blocking with BSA; (d) Immunoreaction of CEA and anti-CEA;

(e) Incubation of the solution containing HRP-Ab2-HPtNPs

褚艳红[43]研制了一种基于聚（3，4-乙烯二氧噻吩）（PEDOT）与天青（Azure）为基体的电化学免疫传感器，可灵敏检测在铂盘电极表面的，甲胎蛋白（AFP）这种方法是以电化学聚合 PEDOT 为基体，利用静电组技术固定 Azure 和纳米金颗粒

(nanoAus)，将甲胎蛋白抗体（anti－AFP）组装到 nanoAus 的表面，采用辣根过氧化物酶（HRP）封闭非特异性吸附位点，制得电流型 AFP 免疫传感器，这种方法采用循环伏安扫描电镜技术研究组装过程及电极性质，探讨了影响免疫传感器性能的因素。在优化实验条件下，电极响应与 AFP 的浓度在 0.01～120μg/L 的范围内呈线性关系，检出限为 0.003μg/L。取临床血清样品用本方法检测 AFP 含量，得到的结果与临床常用的 ELISA 法得到的结果无显著性差异。2013 年，范晴[44]利用氧化石墨烯（GO）负载 H_5N_1 亚型禽流感病毒多克隆抗体（PAb-H_5N_1）及牛血清白蛋白（BSA）作为信号放大材料，构建一种新型电化学免疫传感器，用于检测 H_5N_1 亚型禽流感病毒。结果表明：以 PAb-H_5N_1-GO-BSA 纳米复合物作为信号放大材料构建的电化学免疫传感器的灵敏度比不用此纳米复合物作为信号放大材料的高 256 倍。以 PAb-H5N1-GO-BSA 纳米复合物作为信号放大材料构建的电化学免疫传感器，对 H_5N_1 亚型禽流感病毒的检测限为 2^{-15} HAunit/50μL，检测线性范围为 2^{-15}～2^{-8} HAunit/50μL。2005 年，Zhuo 等[45]研制出利用纳米金和辣根过氧物酶修饰金表面的电流型免疫传感器，用于乙肝表面抗原的检测。他们首次利用辣根过氧化物酶代替小牛血清（BSA），封闭纳米金颗粒层上可能存在的活性位点，阻止非特异性结合，同时可以放大抗原抗体反应信号。通过检测可知，其线性范围为 2.56～563.2ng/mL，最低检测量为 0.85ng/mL。通过比较可以看出，该传感器比用 BSA 封闭的传感器灵敏度更高，线性范围更宽。在电流型免疫传感器的制备中，抗原抗体固定是影响传感器性能的一个重要因素，抗原抗体的固定方式、数量及活性等直接影响传感器的重现性、检测限及循环使用等性能。通常将生物分子固定于基底电极上或者固体基质内，固定化技术主要有吸附法、包埋法、交联法、共价键合法、聚合物法、LB（langumir－biodgett）膜法、溶胶凝胶（sol－gel）法、双层类脂膜法（bilayer lipid membrane，BLM）、自组装单层分子膜法（self－assembled monolays，SAMs）等。

5.3.3 伏安型免疫传感器

电化学免疫传感器通常是将免疫复合物固定在单个电极上，然后利用免疫复合物的标记物在同一电极上进行检测。在电化学免疫分析中较常采用交叉梳妆阵列（IDA）微电极作为转换器。简单的 IDA 设计包括一对交叉梳妆的微电极“手指”。当 IDA 用于伏安分析中的传感电极时，两个相互交叉的梳妆电极通常采用不同的电位，使电活性物质进行氧化还原循环来检测。这种氧化还原循环电流相对于背景电流来说，法拉第电流被放大，从而提高了信噪比、降低了检测限，提高了灵敏度，这些性质使 IDA 电极作为电化学检测被广泛用于分析化学传感器[46]。Thomas 等[47]利用含有相距 1.6μm、2.4μm 宽的 25 对铂微电极作为检测器，用于免疫分析中检测鼠 IgG。与单电极检测相比，信号放大了 4 倍，氧化还原信号产生率 87%，鼠 IgG 的检测限为 3.5fmol。

5.3.4 阻抗型免疫传感器

20 世纪 60 年代初，荷兰物理化学家 Sluyters 在实验中实现了交流阻抗谱（electrochemical impedance spectroscopy，EIS）方法在电化学分析上的应用，成为 EIS 的创始人，随着电化学、物理学、生物科学、材料科学的交叉发展，EIS 分析方法迅速推广并应用于各个领域。阻抗型免疫传感器是用来检测修饰了生物分子的电极界面的电化学技术，是一种测量电极界面性质的有效工具。阻抗型免疫传感器的分析原理是基于抗原、抗体之间的结合降低了电活性探针分子同电极之间的电子转移速率，即增加了电子转移阻抗。通过测量免疫结合前后电子转移阻抗之差，可以实现高灵敏检测的目的。电化学阻抗的原理为一个完整的阻抗谱，包括一个实轴 Zre 部分和一个虚轴 Zim 部分，分别代表电解池的阻抗和电容。图 5-6（a）给出了一种典型的法拉第阻抗谱的 Nyquist 形式。显然，这种阻抗谱包含两个部分，一段半圆部分和一段直线部分，分别表示交流频率较高和较低时的两种极限情况。半圆部分受电子转移速率控制，而直线部分受扩散控制。依据 Randle 和 Ershler 理论，对于一个电解池，可以模拟出如图 5-6（b）所示的一个等效电路。该等效回路包括一个溶液电阻 Rs，一个 Warburg 阻抗 Zw，一个双电层电容 Cdl 和一个电子转移阻抗 Ret。

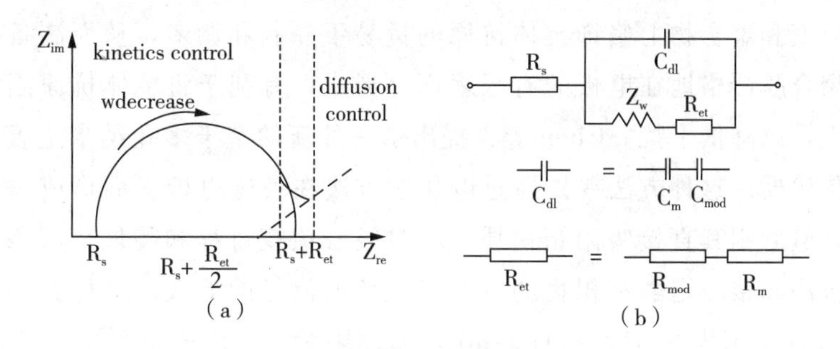

图 5-6　典型的法拉第阻抗谱的 Nyquist 形式和等效电路

Rs 和 Zw 分别与溶液和氧化还原探针的性质有关，因此不受电极表面电化学反应影响。Cdl 和 Ret 分别与电极/溶液界面的双电层和电极绝缘性的有关。当一个金属电极被修饰后，其双电层电容就会包括未修实时的常电容和修层电容两部分，这时其总电容就成了两个电容器的串联电容，其电容满足如下关系式：

$$\frac{1}{C_{dl}}=\frac{1}{C_m}+\frac{1}{C_{mod}}$$

电子转移阻抗 Ret 控制着氧化还原探针在电极表面的电子转移速率。当电极表面被修饰后，这层修饰物会阻碍电子在电极表面的传递，使得电子转移阻抗增加，其阻抗满足如下关系式：

$$R_{et}=R_m+R_{mod}$$

Rm 代表电极未修饰时的电阻，$Rmod$ 代表修饰层的阻抗。这样，电子转移速率和氧化还原探针的扩散性质就可以从一个法拉第阻抗谱中得出。其中半圆的直径代表电子转移阻抗 Ret，半圆在高频时的截距代表溶液的电阻，适当延长半圆右端得到半圆在低频时的截距，该截距在数值上等于电子转移阻抗 Ret 同溶液电阻 Rs 之和，当交流电压的频率 $\omega=(C_{dl}+C_{mod})^{-1}$时，虚轴出现最大值，理论上等于 $Ret/2$。

电极被修饰后其双电层及电子转移阻抗会发生变化，且这种变化可以通过阻抗谱反映出来，那么通过测量其电容或电子转移阻抗的变化，这种修饰物就可以被间接测量。由于电化学阻抗具有良好的界面表征作用，微小振幅正弦电压或电流不会对生物大分子造成干扰，因为阻抗型免疫传感器敏感性高，使其有可能成为一种良好的生物传感技术，具有广阔的应用前景。自组装是阻抗型免疫传感器常用的固定生物分子的方法。Dijksma[48]首先将半胱氨酸或乙酰半胱氨酸子组装于电化学处理后的金电极表面，电极表面的羧基经活化后可以直接固定抗体，由于电极表面的非特异性吸附可以用 KCl 溶液轻易除去，这种免疫传感器有着很高的灵敏度，可以检测到 2pg/mL 的 γ-干扰素。Yang[49]等人以 ITO 电极微阵列作为工作电极，抗体分子通过吸附的方式被固定于微阵列表面，在免疫反应后，通过测量电子转移阻抗的变化可以测定大肠杆菌。用电化学方法合成的聚合膜制备的生物传感器方法简单，并直接固定于电极表面；聚合物膜的厚度和聚合物上修饰抗体抗原的量易于控制和调节，从而制备出高重现性的传感器；聚合膜严格地在电极的有限表面上形成，有利于将抗体抗原固定在微电极和阵列电极上，以降低干扰。Chen 等人提出了一种新的基于多孔纳米金膜直接吸附蛋白质的免疫传感器。这种方法首先通过电化学方法在玻碳电极表面形成一层多孔的纳米结构金膜，然后用其直接吸附蛋白质，经过夹心免疫过程和酶催化沉积过程后，采用法拉第阻抗法间接测定酶沉积物的量而实现免疫信号的放大。这种方法测定人免疫球蛋白 G 的线性范围为 0.011～11ng/mL，检测限为 0.009ng/mL[50]。马贵等[51]试验设计了一种比较简单的 D-甘露糖电化学阻抗传感器，以刀豆凝集素为分子识别物质，用共价键合法将刀豆凝集素固定到金圆盘电极的表面，用电化学阻抗法进行检测。结果表明，以 $[Fe(CN)_6]^{3-/4-}$ 氧化还原电对作为探针，电子转移阻抗变化值与 D-甘露糖的浓度之间呈现良好的线性关系。张玉忠等[52]报道了一种基于金纳米粒子、石墨烯修饰玻碳电极的电化学 DNA 阻抗传感器。这种方法首先在玻碳电极表面修饰一层石墨烯，然后通过电化学方法在石墨烯表面沉积一层金纳米粒子，含巯基的 DNA 探针通过金硫键连接在金纳米粒子表面。电化学阻抗技术可用于 DNA 传感器的组装表征及其特殊序列 DNA 的检测，在最佳的实验条件下，传感器响应信号与互补靶 DNA 浓度的对数在 $1.0\times10^{-12}\sim1.0\times10^{-7}$ M 范围内呈良好线性关系，相关系数 R 为 0.9970，检出限为 3.5×10^{-13} M（S/N=3）。

电化学阻抗技术是很少的可用于表征膜电荷转移过程的技术之一，成为评估传感器稳定性、可靠性的有效方法。电化学阻抗优于其他分析方法的方面除了其良好的界面表征作用以外，还在于其本身测定的数据可以通过 Kramers－Kronig 转换得到验证。电化学阻抗的另一优点在于对实验数据的讨论可采用多种形式表示，如 Niquist plot、Bode phase、Bode 阻抗等，可以从各个角度分析数据，得出最后结论。但是，目前对电化学阻抗技术的研究仍然存在着很多不足，主要表现在：

(1) 电化学阻抗是一种依赖于时间和阻抗值变化进行分析的方法，检测时间有时需要数小时，并且长时间的测量使影响因素增加，不利于测量结果的准确性；

(2) 目前大部分实验结果都缺乏 Kramers－Kronig 变换方法的验证，并且大都只采用了 Niquist 一种形式讨论实验数据；

(3) 虽然迄今应用电化学阻抗研究传感器系统已经得到了很多有意义的结果，但大部分研究都着重于相对宏观的特性，如整个体系的电学特性。

对于检测体系的局部特征，如电极表面的微小缺陷、局部的氧化还原反应、膜组分之间的电流影响等的研究较少，而这些也是影响传感器质量的重要因素。因此，发展局部阻抗谱对研究微观过程非常必要。虽然有着种种不足，但并不妨碍电化学阻抗在传感器研究中发挥独特和显著的作用。可以预料的是，随着科学技术的发展，人们对电化学阻抗的理论认识将会越来越深入，其应用也必将越来越广泛[53]。

参考文献

[1] Stry L. Biochemistry. W. H. Freeman and Co. , San Francisco, 1981.

[2] Roit I. , Brostoff J. , and Male D. Immunology, Mosby International Ltd, London: 1998.

[3] Luppa P B, Sokoll L J, Chan D W, Immunosensors — principles and applications to clinical chemistry [J] . Clinica chimica acta; international journal of clinical chemistry, 2001, 314 (1-2): 1-26.

[4] Aguilar Z P, Vandaveer W R I V. , Fritsch I. Self — contained microelectrochemical immunoassay for small volumes using mouse igg as a model system. Anal. Chem, 2002, 74: 3321-3329.

[5] Hayashi Y, Matsuda R, Maitani T, Imai K, Nishimura W, Ito K, Maeda M. Precision, limit of detection and range of quantitation in competitive ELISA [J] . Anal. Chem, 2004, 76: 1295.

[6] Diaz—Gonzalez M, Hernandez—Santos D, Gonzalez—Garcia M B, Costa—Garcia A. Development of an immunosensor for the determination of rabbit IgG using streptavidin modified screen — printed carbon electrodes [J] . Talanta, 2005, 65, 565-573.

[7] North J. Immunosenors: antibody — based biosensors [J] . Trends Biote — chnol, 1985, 3 : 18.

[8] Chen Z, Jiang J, Shen G, Yu R. Impedance immunosensor based on receptor protein adsorbed directly on porous gold film [J] . Analytica Chimica Acta, 2005, 553: 190-195.

[9] Yang X, Yuan R. , Chai YQ, Zhuo Y, Hong CL, Liu ZY, Su HL. Porous redox — active Cu2O — SiO2 nanostructured. lm: Preparation, characterization and application for a label—free amperometric ferritin immunosensor. Talanta, 2009, 78: 596-601.

[10] Xin Yu, et al. Carbon nanotube amplificat ion strategies for highly sensitive Immunodetection of cancer biomarkers [J] . J. Am Chem Soc, 2006, 128: 11199.

[11] Yu X, Munge B, Patel V, et al. Carbon nanotube amplification strategies for highly sensitive immunodetectionof cancer biomarkers [J] . J. Am. Chem. Soc. , 2006, 128 (34): 11199-11205.

[12] Lin J. H. , He C. Y. , Zhang L. J. , Zhang S. S. Sensitive amperometric immunosensor for α — fetoprotein based on carbon nanotube/gold nanoparticle doped

chitosan film [J] . Anal. Biochem，2009，384：130 - 135.

[13] Zhong Z，Wu W，Wang D，Wang D，Shan J，Qing Y，Zhang Z. Nanogold — enwrapped graphene nanocomposites as trace labels forsensitivity enhancement of electrochemical immunosensors in clinicalimmunoassays：carcinoembryonic antigen as a model. Biosens Bioelectron，2010，25（10）：2379 - 2383.

[14] Song ZJ，Yuan R，Chai YQ，Zhuo Y，Jiang W，Su HL，Che X，Li JJ. Horseradish peroxidase — functionalized Pt hollow nanospheres andmultiple redox probes as trace labels for a sensitive simultaneous multianalyte electrochemical immuno-assay. Chem Commun，2010，46：6750 - 6752.

[15] Viswanathan S，Rani C，Anand A V，Ho J A A. Disposable electrochemical immunosensor for carcinoembryonic antigen using ferrocene liposomes and MWCNT screen—printed electrode [J] . Biosens Bioelectron，2009，24：1984 - 1989.

[16] Liu YX，Dong X C，Chen P. Biological and chemical sensors based on graphene materials [J] . Chem. Soc. Rev.，2012，41（6）：2283 - 2307.

[17] Zhou M，Zhai Y M，Dong S J. Electrochemical Sensing and Biosensing Platform Based on Chemically Reduced Graphene Oxide [J] . Anal. Chem，2009，81（14）：5603 - 5613.

[18] Zhong Z，Wu W，Wang D，Wang D，Shan J，Qing Y，Zhang Z. Nanogold — enwrapped graphene nanocomposites as trace labels forsensitivity enhancement of electrochemical immunosensors in clinicalimmunoassays：carcinoembryonic antigen as a model [J] . Biosens Bioelectron，2010，25（10）：2379 - 2383.

[19] 杜华丽，符雪文，温永平，仇泽君，熊丽梅，洪年章，杨云慧．基于石墨烯和金纳米笼修饰的无标记型微囊藻毒素免疫传感器的研制 [J] ．分析化学，2014，5：660 - 665.

[20] Du D，Zou Z X，Shin Y S，Wang J，Wu H，Engelhard M H，Liu J，Aksay I A，Lin Y H. Sensitive immunosensor for cancer biomarker based on dual signal amplification strategy of graphene sheets and multienzyme functionalized carbon nanospheres [J] . Anal. Chem.，2010，82（7）：2989 - 299.

[21] Du D，Wang L M，Shao Y Y，Wang J，Engelhard M H，LinY H. Functionalized graphene oxide as a nanocarrier in a multienzyme labeling amplification strategy for ultrasensitive electrochemical immunoassay of phosphorylated p53（s392）[J] . Anal. Chem.，2011，83（3）：746 - 752.

[22] Zacco E，Pividori M I，Alegret S. Electrochemical biosensing based on univesal affinity biocomposite platform [J] . Biosens. Bioelectron，2006，21：

1291－1301.

[23] Gitlin G, Bayer E A, and Wilchek M: Studies on the biotin－binding site of avidin. Lysine residues involved in the activecide [J]. Biochem, 1987, 242: 923－926.

[24] Jones M L , Kurzban G P. Noncooperativity of biotin binding to tetrameric streptavidin [J]. Biochemisty, 1995, 34: 11750－11756.

[25] Diaz － Gonzalez M, Gonzalez － Garcia M B, and Costa － Garcia A. Immunosensor for mycobacterum tuberculosis on screen－printed carbon electrodes [J]. Biosens. Bioelectron, 2005, 20: 2035－2043.

[26] Connor M O, Kim S N, Killard A J, Forster R J, Smyth M R., et al. Mediated amperometric immunosensing using single walled carbon nanotube forests [J]. Analyst (Cambridge, United Kingdom), 2004, 129: 1176－1180.

[27] Yang ZJ, Xie ZY, Liu H, et al. Streptavidin － functionalized three －dimension ordered nanoporous silica film for hightly efficien chemiluminescent immunosensing [J]. Adv Funct Mater, 2008, 18: 3991－3998.

[28] Mao X, Jiang J H, Chen J W, Huang Y, Shen G L, Yu R Q. Cyclic accumulation of nanoparticles: A new strategy for electrochemical immunoassay based on the reversible reaction between dethiobiotin and avidin [J]. Anal. Chim. Acta, 2006, 557 (1－2): 159－163.

[29] Malhotra R, Patel V, Vaqu J P, Gutkind J S, RuslingJ F. Ultrasensitive Electrochemical Immunosensor for Oral Cancer Biomarker IL － 6 Using Carbon Nanotube Forest Electrodes and Multilabel Amplification [J]. Anal. Chem., 2010, 82 (8): 3118－3123.

[30] Janata J. An immunoelectrode [J]. J. Am Chem Soc, 1975, 97 (10): 2914－2916.

[31] 袁若，唐点平，柴雅琴，等．高灵敏电位型免疫传感器对乙型肝炎表面抗原的诊断技术研究 [J]．中国科学B辑化学，2004，34 (4)：279－286.

[32] 唐点平，袁若，柴雅琴，等．纳米金修饰玻碳电极固载抗体电位型白喉类毒素免疫传感器的研究 [J]．化学学报，2004，62 (20)：2062－2066.

[33] Fu YZ, Yuan R, Tang DP, et al. Study on the immobilization of anti－IgG on Au － colloid modified gold elctrode via potentiometric immunosensor, cyclic voltammetry, and elecrchemical impendance techniques [J]. Colloids and Surfaces B: Biointerfaces, 2005 (40): 61－6.

[34] Ghindilis A L. Direct electron transfer catalyzed by enzymes: aplication for biosensor development [J]. Biosens Bioeleetron, 2000, 28 (2): 84－89.

[35] Threr R, Vigassy T, Hirayama M, et al. Potentiometric Immunoassay with Quantum Dot Labels [J] . Anal. Chem, 2007, 79 (13): 5107 - 5110.

[36] Yang HC, Yuan R, Chai YQ, et al. An amperometic immunosensor based on immobilization of hepatitis B surface antibodyon gold electrode modified gold nanoparticles and horseradish peroxidase [J] . Analytica Chimica Acta, 2005, 548: 205 - 210.

[37] Seong JK, Haesik Y, Kyungn in Job, et al. An electrochemical immunosensor using p－aminophenol redox cycling by NADH on a self－assembled monolayer and ferrocene－modified Au electrodes [J] . The Royal Society of Chemistry, 2008, 133: 1599 - 1604.

[38] 霍群. 电化学免疫传感器 [J] . 临床检验杂志, 2003, 21 (3): 181 - 182.

[39] Ciana L D, Bernacca G, Nitti C D, etal. Highly sensitive amperometric enzyme immuno assay for－fetop rotein in human serum [J] . immunol Methods, 1996, 193 (1): 51 - 62.

[40] Dai Z, Yan Y, Yu H, et al. Novel amperometric immunosensor for rapid separation－free immunoassay of carcinoembryonic antigen [J] . Journal of Immunological Methods, 2004 (287): 13 - 20.

[41] Hou YX, Tilia C, et al. Study of mmixed Langmuir－Blodgett films of immunoglobulin G/amphiphile and ther application for immunosensor endineering [J] . Biosensors and Bioelectronics, 2004 (20): 1126 - 1133.

[42] Yang HC, Yuan R, Chai YQ, et al. Electrochemical immunosensor for detecting carcinoembryonic antigen using hollow Pt nanospheres－labeled multiple enzyme－linked antibodies as labels for signal amplification [J] . J. Biochem. Eng. , 2011, 56 (3): 116 - 124.

[43] 刘珂珂, 刘清, 黄海平, 褚艳红. 基于聚 (3, 4 -乙烯二氧噻吩) /天青Ⅰ复合物薄膜和纳米金修饰的电流型甲胎蛋白免疫传感器的研究 [J] . 分析化学, 2014, 02: 192 - 196.

[44] 黄娇玲, 谢芝勋, 罗思思, 谢志勤, 谢丽基, 刘加波, 庞耀珊, 范晴. 基于纳米材料的电化学免疫传感器检测 H5N1 亚型禽流感病毒的研究 [J] . 畜牧兽医学报, 2013, 06: 911 - 918.

[45] Zhou Y, Yuan R, Chai YQ, et al. An amperometic immunosensor based on immobilization of hepatitis B surface antibody on gold electrode modified gold nanoparticles and horseradish peroxidase [J] . Analytica Chimica Acta, 2005, 548: 205 - 210.

[46] Min J, Baeumner A J. Characterization and optimization of interdigitated ultramicroelectrode arrays as electrochemical biosensor transducers [J] . Electroanalysis, 2004, 16: 724-729.

[47] Thomas J H, Kim S K, Hesketh P J, Halsall H B, Heineman W R. Microbead-based electrochemical immunoassay with interdigitated array electrodes [J] . Anal. Biochem, 2004, 328: 113-122.

[48] Diiksma M, Kamp B, Hoogvliet J C, et al. Development of an electrochemical immunosensor for direct detection of interferon-γ at the attomolar level [J] . Analytical Chemistry, 2001, 73 (3): 901-907.

[49] Yang L, Li Y, Erf G F. Interdigitated Array Microelectrode-Based Electrochemical Impedance Immunosensor for Detection of Escherichia coli O157: H7 [J] . Analytical Chemistry, 2004, 76 (4): 1107-1103.

[50] Chen Z P, Jiang J H, Shen G L, et al. Impedance immunosensor based on receptor protein adsorbed directly on porous gold film [J] . Analytical Chimica Acta, 2004, 553 (1-2): 190-195.

[51] 邹蕊，马贵. D-甘露糖电化学阻抗生物传感器的研究 [J] . 湖北农业科学，2014，05：1136-1138.

[52] 李蜀萍，黄蕾，张玉忠. 基于金纳米粒子/石墨烯修饰电极的电化学 DNA 阻抗传感器的制备 [J] . 安徽师范大学学报（自然科学版），2013，04：347-351.

[53] 王丰，府伟灵. 电化学阻抗谱在生物传感器研究中的应用进展 [J] . 生物技术通讯，2007，18 (3)：549-552.

第六章　介孔材料传感器应用

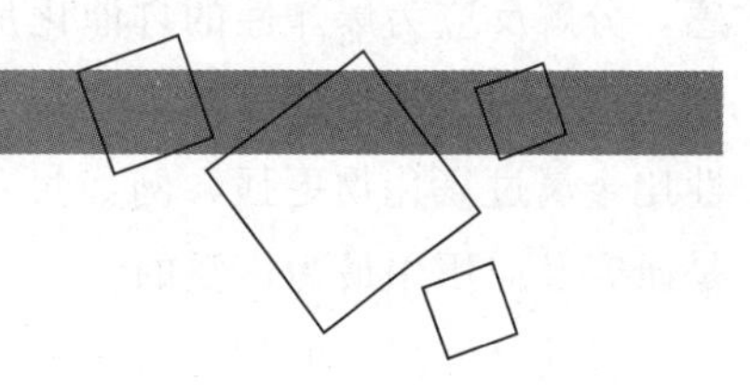

生物传感器利用生物化学和电化学的反应原理，可将生化反应信号转换为电信号，并通过对电信号放大和模数转换等手段测量生化物质的种类及浓度。根据生物传感器检测种类，可分为酶传感器、微生物传感器、组织传感器、细胞器传感器、免疫传感器等。生物传感器具有选择性高、分析速度快、操作简易和仪器价格低廉等特点，还能实现在线甚至活体分析，在环境监测、临床检验、食品、药品分析以及国防安全等方面具有重要的实用价值。

材料科学的发展推动研究者们开发应用于生物传感器的新型材料。1992 年美国 Mobil 公司科学家首次报道了硅基系列介孔物质 M41S 的合成[1]，不同孔径尺寸、不同骨架元素组成的介孔材料的合成及应用引起了人们极大关注。常见的介孔材料有 MCM 系列（Mobil Composition of Matter）、SBA 系列（Santa Barbara Amorphous）、FSM 系列（Folded Sheets Mesoporous）、CMK 系列（Mesoporous Carbon Family）、FDU 系列（Fudan University）、MSU 系列（Michigan State University）、HMS 系列（Hexagonal Mesoporous Silica）、TMS 系列（Tech Molecular Sievesor Transition Metal Oxides Molecular Sieves）、MCF 系列（Mesostructured Cellular Foam Materials）、KIT 系列（Korea Advanced Institute of Science and Technology）等。介孔材料具有极高的比表面积和孔容、规则有序的孔道结构、狭窄的孔径分布，介孔材料的孔道尺寸与生物分子自由尺寸相近，且孔径大小连续可调至生物分子的最佳适合尺寸，让生物分子通过扩散进入材料孔道内部，介孔材料具有大的比表面积及适宜的微环境，材料表面及介孔内部可选择性进行有机基团官能化，使之非常适合于生物敏感元件的固定。介孔材料孔容量巨大，单位质量载体可以负载更多生物分子，在介孔这种微环境中生物分子还可保持良好的生物活性。介孔材料运用到生物传感器后，为生物传感器的发展带来了新的机遇。

6.1　过氧化物、超氧化物检测传感器

过氧化物，是一类含有过氧基（—O—O—）的化合物，具有强氧化性。可看成过

氧化氢的衍生物。过氧化物又可分为有机过氧化物与无机过氧化物，包括过氧化氢、有机过氧化物、金属过氧化物和过氧酸盐。过氧化物对重金属、光、热及胺类都很敏感，分解反应为爆炸性的自催化反应。过氧化物是易燃、易爆的化合物，可用作杀菌剂、清毒剂、漂白剂。其中金属过氧化物用于纺织、造纸工业。有机过氧化物的氧化性比金属过氧化物更强，例如过乙酸、过氧化异丙苯。其中过氧化氢与有机过氧化物是研究及应用中最为广泛的。

目前已经报道的测定过氧化物的方法有滴定法、分光光度法、荧光法、化学发光法、间接原子吸收法、色谱法和电化学法等方法。在过氧化物的检测方法中，应用最广的是电化学方法。电化学分析法具有选择性较好、分析速度快、简便廉价、易于实现自动化等特点，因此发展速度较快，已发展了极谱法、电位滴定分析法、电流型生物传感器法以及电化学发光法等分析方法，其中应用最为广泛的是基于对电极的修饰电流型生物传感器的检测方法。其中广泛使用的电化学酶传感器可以克服过氧化物在电极上氧化时过电位的影响，其可以在较低的电位下进行检测，避免了其他电活性物质的干扰，提高了生物传感器的灵敏度与选择性[2,3]。但是，由于酶本身的不稳定、易失活，所以建立无酶传感器或者模拟酶传感器来检测过氧化物成为关注的热点。Ge等[4]用高分子水凝胶固定血红素得到了有机相模拟酶电极，实现了对有机过氧化物的检测。还有许多的聚合物[5]、纳米材料[6,7]等都可以直接用于修饰电极来检测过氧化物。

早在1994年，Karyakin首次证明[8]，在氧气的存在下，H_2O_2在普鲁士蓝修饰电极上发生还原反应，可以选择性的检测到反应中的H_2O_2。由于其高活性及选择性，普鲁士蓝被称为“人工过氧化物酶”。在流动注入模式下，普鲁士蓝的过氧化氢传感器的灵敏度可达0.6μA·L/（mol·cm^2）[9,10]，在间歇流动或者连续流动下灵敏度为1μA·L/（mol·cm^2）[11]。化学合成的普鲁士蓝也可以用于过氧化氢传感器的制备，这可用于丝网印刷电极和碳糊电极，基于普鲁士蓝的碳糊电极传感器对于过氧化氢检测的灵敏度比普鲁士蓝修饰的玻碳电极的灵敏度要低20~200倍。同时，人们尝试用铁氰化铜构建的过氧化氢传感器的检测灵敏度比普鲁士蓝修饰的传感器要低三个数量级。

纳米粒子，包括磁性材料如Fe_3O_4，在成像技术和分离技术方面都起着重要的作用。有文献报道，四氧化三铁纳米颗粒可用于过氧化氢的阴极测定[12]，还可以通过过氧化物酶检测过氧化物和葡萄糖[13]。Fe_3O_4既有二价铁又有三价铁，它在H_2O_2检测中作为催化剂可降低干扰。而以Fe_3O_4为基底的H_2O_2传感器有很多优点，在最佳pH值下，Fe_3O_4/壳聚糖修饰电极检测H_2O_2的线性上限为4mmol/L，此时的反应灵敏度为16.8μA·L/mmol（r=0.999），检测限为7.6μmol/L（S/N=3）。人们利用葡萄糖氧化物酶与Fe_3O_4时发现了一种高灵敏度、高选择性的检测葡萄糖的方法。这种检测双氧水及葡萄糖的方法不仅证实了Fe_3O_4固有的类过氧化物酶活性，也表明该检测方法在未来的简单、稳定、易制备的分析方法中具有很大的应用前景。利用共同沉淀法制备的 Fe_3O_4 来检测 H_2O_2，其检测的线性范围为 $5\times10^{-6}\sim1\times10^{-4}$ mol/L，检测限为 3×10^{-6} mol/L。

碳纳米管一般分为单壁碳纳米管（SWCNTs）和多壁碳纳米管（MWCNTs）。卟啉具有二维平面芳香环结构，而用卟啉功能化的单壁碳纳米管也越来越受科学家所关注。原铁卟啉Ⅸ（Fe（Ⅲ）PP）吸附于单笔碳纳米管 SWCNTs 或羟基功能化的 SWCNTs－OH 上可与 Nafin 基质整合固定在石墨电极表面。SWCNTs－Fe（Ⅲ）PP 和 SWCNTs－OH－Fe（Ⅲ）PP 修饰的石墨电极对 H_2O_2 显示出良好的电催化还原活性。其灵敏度排序如下：SWCNTs－OH－Fe（Ⅲ）PP＝2.45mA·L/mol≈SWCNTs－Fe（Ⅲ）PP＝2.95mA·L/mol＞freeFe（Ⅲ）PP＝1.34mA·L/mol[14]。另外，基于钴卟啉（CoTPP）/MWCNT 修饰 GCE 的电致化学发光 H_2O_2 传感器对 H_2O_2 浓度检测线性范围为 $1.0\times10^{-7}\sim8.0\times10^{-8}$ mol/L，检测下限为 5.0×10^{-9} mol/L[15]。

碳纳米纤维被认为对于过氧化氢的氧化和还原有很强的催化能力。有文献[16]报道用碳纳米纤维修饰玻碳电极，即使在尿酸和抗坏血酸存在的情况下，对于过氧化氢的检测也表现出很高的灵敏度和良好的选择性。

Liu[17]等基于肌红素（Mb）的直接电化学和电催化性质构建了一种 H_2O_2 生物传感器。安培法测定 H_2O_2 浓度的线性范围是 $2.0\times10^{-6}\sim1.2\times10^{-3}$ mol/L，检测下限为 3.6×10^{-7} mol/L。与其他基于碳纳米管和离子液体修饰的电极相比，多壁碳纳米管和离子液体 n-六氟磷酸四乙基铵（OPFP）构建的复合电极来检测 H_2O_2 其所需的电流容量更小，能在更快的时间内响应[18]。

由于 $O_2^{\cdot-}$ 在生物学方面的重要作用，掌握 $O_2^{\cdot-}$ 在体内体外的定量信息对于理解与活性氧（ROS）和自由基等生物化学有关疾病的病理学以及生理学起着重要的作用。而由于 $O_2^{\cdot-}$ 具有寿命短、浓度低以及活性高的特点，$O_2^{\cdot-}$ 的浓度测定相当困难。实际上，$O_2^{\cdot-}$ 本身的活性并不强，但是它可以与 SODs 和其他生物分子迅速发生歧化反应产生 H_2O_2，H_2O_2 与等金属离子发生 Fenton 反应，生成非常活泼的羟基自由基。

由于操作简单、灵敏度高，$O_2^{\cdot-}$ 的化学检测方法引起了人们的关注。$O_2^{\cdot-}$ 可先由带标记物的捕集剂所捕获，借助光学、压力法以及极谱法跟踪 $O_2^{\cdot-}$ 与捕集剂之间的化学反应，从而检测 $O_2^{\cdot-}$。捕集剂与 $O_2^{\cdot-}$ 的反应比歧化反应进行的更完全，所以 $O_2^{\cdot-}$ 可被定量捕获并得以检测。现已有很多化学反应用于检测 $O_2^{\cdot-}$，例如，$O_2^{\cdot-}$ 可以还原高铁细胞色素 c、四硝基甲烷或硝基蓝四氮唑，通过分别检测还原的亚铁细胞色素 c、硝基甲酸盐阴离子积累的量，可建立检测 $O_2^{\cdot-}$ 的分光光度法。当然，可选用 $O_2^{\cdot-}$ 歧化反应的专属催化剂 SOD，借助 SOD 区分 $O_2^{\cdot-}$ 的响应以检测 $O_2^{\cdot-}$ 的浓度。

除可作还原剂外，$O_2^{\cdot-}$ 还可作为氧化剂。由于 $O_2^{\cdot-}$ 可以将肾上腺素氧化为肾上腺皮质，所以可由化学法检测其氧化产物进而检测它。此类化学检测方法并不需要特定仪器。此外，由于 $O_2^{\cdot -}$ 氧化光泽精之类的物质后能发射出荧光，可以通过化学发光法检测荧光强度来测量 $O_2^{\cdot -}$ 的浓度，但这些方法选择性较差，难以用于检测生物体内的 $O_2^{\cdot -}$。

由于具有高选择性、高灵敏度和可用于体内检测等优点，$O_2^{\cdot -}$ 的电化学检测方法受到普遍关注。

Mesaros 等[19,20]应用含 SOD 的电化学聚合高分子吡咯膜，在铂电极上设计制造出了测定 $O_2^{\cdot -}$ 的电流型传感器。它是基于检测 H_2O_2 来检测 $O_2^{\cdot -}$，在区分生物体内的 SOD 催化歧化生成的 H_2O_2 时存在局限性。McNeil 等[21]制作了镀铂表层 SOD 活性炭电极用于检测 $O_2^{\cdot -}$，可以将由 SOD 催化发生歧化反应得来的 H_2O_2 和由其不均匀反应产生的 H_2O_2 区别开。Song 等[22]开发的聚四氟乙烯膜修饰的基于 SOD 的 $O_2^{\cdot -}$ 生物传感器具有很高的选择性，外层的聚四氟乙烯膜无须分离就可以检测 $O_2^{\cdot -}$，而内部产生的过氧化氢和其他的干扰物不影响 $O_2^{\cdot -}$ 的测定，但是这种传感器的灵敏度和响应时间都会降低。Lvocich[23]等人采用不同的方式，将辣根过氧化酶和 SOD 加入到固定在玻碳电极上的聚吡咯层，制备出了一种双通道生物传感器，可以同时检测 H_2O_2 和 $O_2^{\cdot -}$。

最近，Endo 等将二茂铁甲酰基哌嗪作为 SOD 氧化还原反应过程中的媒介，研制出了一种 SOD 电化学生物传感器。这种传感器灵敏度高、重现性好以及乃持久性强，并且在 0～100umol/L 范围内具有很好的线性关系，可用于检测活细胞中的 $O_2^{\cdot -}$。

Wang 等[24]将带正电荷的溴化十六烷基三甲铵包裹的金纳米棒（AuNRs）和带负电荷的超氧（化）物歧化酶（SOD）通过层层组装的方法固定在半胱氨酸修饰电极表面，建立了测定超氧离子（$O_2^{\cdot -}$）的第三代电化学生物传感器。SOD/AuNRs 双层自组装在很大程度上增强了电极表面的直接电子传递，使该传感器表现出较宽的线性范围（3 个数量级）、高的灵敏度、短的响应时间（小于 5s），以及好的稳定性和再生能力，在生物体系中 $O_2^{\cdot -}$ 的持久可靠测定方面具有很好的发展前景。曾云龙等[25]利用 HRP 对过氧化物的高度选择性和 AuNRs 的生物兼容性、协同效应等特性，将 HRP—AuNRs 以自组装的方式修饰到金电极表面，发展了一种检测面粉中的过氧化苯甲酰的新方法。

6.2 介孔材料 pH、离子选择性电极

1906 年，Cremer 发现了玻璃薄膜的 pH 响应，使得离子选择性电子成为最古老的传感器[26]。它应用于许多领域，比如生物医药、工业及环境检测等等，pH 玻璃电极是应用最广泛的。尽管最好的玻璃和晶体膜传感器具有无可比拟的性能，但限于这些材料的化学通用性，使得分析物的检测范围受到限制。经过几十年的发展，电位型传

感器的主要发展方向已转向具有更通用和可调控的溶剂聚合物膜离子选择性电极领域[27]。这些传感器的研究最初始于20世纪60年代，在各种生物医药领域已完全代替了旧的分析方法，确立了其在临床化学领域的地位。聚合膜离子选择性电极不仅具有固态离子选择性的电极的大多数优点，如稳定性、经济性，而且其独特的通用性聚合物膜可用于检测近100种分析物[28,29]。同时，离子选择性电极的测量范围能达到8个数量级。

与传统的电位响应不同，溶剂聚合膜离子选择性电极，利用新的换能方式，能够检测一些新的分析物，并且能通过仪器控制传感特性，以及引入新的检测原理[30,31]。同时，传感器理论方面的工作也为进一步发展提供了依据。利用相界面电位模型可对传感器性能进行定量研究[32]。对溶剂聚合膜离子选择性电极的膜过程进行详细理论分析[33]，可得到极低的检测限[34]，从而大大促进该领域的发展。迄今为止，已有10余种分析物的检测限达到nmol/L水平，其中一些甚至达到了pmol/L水平，这使得电位型传感器成为最灵敏的分析方法之一。

利用合理的分子设计原理可寻找新型传感材料，使传感器具有更好的选择性和灵敏度，拥有更好的检测限、稳定性。离子选择性电极蛀牙应用于临床化学领域，尤其用于生理体液中相关电解质的检测识别[35]。全世界每年利用离子选择性电极要进行数以亿计的常规检测[36]。用于PH以及钙离子、钾离子和钠离子检测的传感器已成功用于许多商品化的临床化学分析仪[37]。利用相关的离子选择性电极也可检测血液、尿液、血液透析液及其他液体中的镁离子、锂离子、氯离子。

药物分析是离子选择性电极的另一个重要应用领域[38]。据报道，在药物合成和生产过程中，可通过离子选择性电极实现大量药物分子的检测。

2009年，Kong等人[39]通过使用富含胸腺嘧啶（T）的Hg^{2+}特异性识别寡对配位核苷酸探针，基于Au纳米粒子信号放大和Hg^{2+}协调的T－Hg^{2+}－T碱基对配位效应，可构建用于高灵敏检测Hg^{2+}的电化学传感器。这一基于金纳米粒子的传感策略有超过3个数量级的放大系数，并获得低至0.5nmol/LA的检测限[40]。

早在20多年前，就有了铊[41]、铯[42]、钾[43,44]等离子选择性传感器，随着人们对离子选择性传感器的研究，发现铵盐[45]、铷[46]、一价和二价的阳离子[47]。

Lin研究小组利用巯基和氨基甲酰酸的介孔材料碳糊电极分别同时测定Hg（II）、Pb（II）、Cu（II）、Pb（II）、Cd（II）[48]，检测限达到ppb级。高灵敏性的产生是由于有机功能化的基团和介孔材料的多孔特性保证了客体离子快速容易地到达离子交换位点。Yantasee[49]研究小组利用自组装技术固载巯基化介孔材料到微金电极表面，实现了对Pb（II）的高效测定。

Dekker等[50]使用单根单壁碳纳米管制备生物传感器，通过键合分子将葡萄糖氧化酶分子固定到碳纳米管管壁上，可以有效地检测葡萄糖和监测pH变化。

有研究者选用介孔二氧化锆作为固酶基质，在电解质溶液中，采用共电沉积法将血红蛋白和介孔二氧化锆固定到金电极表面，制备了性能良好的生物传感器，并研究了 pH 和工作电位对于传感器性能的影响，以及电极表面的直接电化学行为。结果表明，电极表面存在良好的直接电化学行为，电子转移常数和电子传递速率分别为 0.64 和 $1.47s^{-1}$，线性范围为 $1.75\times10^{-7}\sim4.9\times10^{-3}$ mol/L，检测下限为 1.0×10^{-7} mol/L。该传感器还具有较高的灵敏度，良好的稳定性和选择性。

6.3 葡萄糖检测

葡萄糖在人体新陈代谢中起着重要的作用，由于胰岛素缺乏或抵抗导致的葡萄糖代谢紊乱会引发糖尿病。近年来，随着纳米科学的发展，设计微、纳米传感系统用于活体内葡萄糖的检测已经成为可能，这为实时监控糖尿病患者体内的葡萄糖水平开辟了新途径。

一直以来，葡萄糖分析与检测的方法都是研究热点之一。近年来，人们对葡萄糖的检测做了大量的研究，取得了一定的科研成果。已有的葡萄糖检测方法有色谱法、光谱法、葡萄糖传感器法。其中，电化学生物传感器因其具有灵敏度高、分析速度快、重现性好、成本低、操作简便等优点，受到人们的广泛关注。

安培型葡萄糖电化学传感器是一类很有应用前景的技术，能满足临床上对血糖含量的快速测定的需要。安培型葡萄糖电化学传感器根据有无酶的使用可将其分为有酶和无酶两种。葡萄糖氧化酶修饰电极是最常见的一类安培型生物传感器，葡萄糖氧化酶能够高效、有选择性地催化氧化葡萄糖。但是，以葡萄糖氧化酶为基础的生物传感器有许多潜在的缺点，例如稳定性低、成本高、固定步骤和操作环境复杂等。近年来，无酶葡萄糖传感器因其稳定性好、可操作性强，成为葡萄糖电化学传感器的另一个研究热点。

随着纳米材料制备技术的不断发展，各种纳米多孔结构、纳米管阵列、纳米颗粒等不断被探索出来。许多金属纳米材料已经广泛用于非酶葡萄糖电化学传感器的制备。一些廉价金属纳米粒子，例如铜、镍以及它们的氧化物等具有低成本、丰富多样的形貌、高比表面积、良好的电催化活性等优点，能够提高传感器在葡萄糖检测中的选择性和稳定性，因而被广泛用于制备非酶葡萄糖电化学传感器。氧化铜（一种 p 型半导体，能带带隙为 1.2eV）在催化、场效应晶体管和生物传感器等方面都有广泛应用，以 CuO 为基础的纳米材料已经广泛用于高灵敏度和高稳定性的葡萄糖传感器的制备。

有学者最近用单壁碳纳米管构建了一种新型的葡萄糖纳米传感器[51]。该传感器利用生物分子间特有的识别反应引发信号传导，通过传导信号的变化进行检测。该过程利用了两种不同的信号传导——荧光猝灭和电荷转移。铁氰化钾分散在葡萄糖氧化酶包裹的碳纳米管上，当没有葡萄糖存在时，铁氰化钾转移了纳米管的电子，猝灭了碳纳米管的红外光致发光；当葡萄糖存在时，它和氧化酶反应产生了氧化氢，过氧化氢能够和铁氰化氢钾反应从而降低其缺电子程度，抑制铁氰化钾对纳米管的电子转移，葡萄糖含量越高，纳米管的红外荧光越强。为了探讨在体内植入传感器的可行性，研究者们设计了一根特殊的密封玻璃管来盛放修饰了葡萄糖氧化酶和铁氰化钾的碳纳米管，该玻璃管长 1cm、厚 200μm，表面布满特定大小的孔，孔径保证葡萄糖可以自由进入，而碳纳米管不能穿过。该玻璃管可植入人类的皮肤样本，用红外光激发进行体内葡萄糖的实时检测。

一种直径约为 45nm 的探针内包型生物定域嵌入式传感器已经用于活细胞内葡萄糖的实时成像监测[52]，该纳米传感器包含葡萄糖氧化酶、氧气敏感的荧光指示剂和作对比的氧气不敏感荧光染料。由于是内包型探针，这种纳米传感器对细胞内蛋白质的干扰并不敏感，提高了活体内化学分析的可靠性。同时，这种传感器显著降低了指示剂和染料对细胞的毒性，另外，局部氧气损耗能够达到一个稳定状态，使得一些协同作用可以发生，这是分别在细胞内引入游离酶和染料所不能实现的。

Wang 等[53]将碳纳米管与 Teflon 混合用于葡萄糖氧化酶和乙醇脱氢酶的固定，制备了碳纳米管复合电化学传感器，分别测定了葡萄糖和 NADH。

Hyeon 和 Kim 等[54]将介孔碳泡沫（mesocel－lular carbon foam）用于葡萄糖氧化酶的固定，制备了灵敏快速的葡萄糖生物传感器。这种介孔碳泡沫的介孔孔道用于酶分子负载，微孔孔道用于传质，制备的传感器与基于聚合物制得的生物传感器相比，表现出更高的催化活性和检测灵敏度。

Dai 等[55]利用含 Ti 的 MCM－41 介孔氧化硅修饰电极固定葡萄糖氧化酶制备了葡萄糖生物传感器。Zhu 等[56]研究了有序介孔碳糊电极对很多氧化还原物质（如 AA、UA、NADH、DA、EP 和 H_2O_2）的电催化性能，并用于固定葡萄糖氧化酶制备葡萄糖生物传感器。曾百肇等[57]用介孔碳 CMK－3 与 Pt 纳米粒子的复合物修饰电极固定葡萄糖氧化酶，所制备的生物传感器对葡萄糖有良好稳定的响应，刘宝红设计并分别制备了二维和三维高度有序的介孔碳用于固定葡萄糖氧化酶分子，以研究其准可逆的电子传递[58]。与二维有序的介孔碳材料相比，三维有序的介孔碳材料对蛋白质表现出更高的负载能力，其固定化的酶分子保持了更高的生物活性，所制备的葡萄糖生物传感器表现出灵敏度高、响应迅速、线性范围宽和检测限低等特点。

Cosnier 等[59]采用介孔二氧化钛薄膜作为电极材料，利用戊二醛交联法将葡萄糖氧化酶固定在电极上，成功制备了安培法检测葡萄糖的生物传感器。Seo 等[60]在硅基体上沉积不同形态的铂用于制备葡萄糖传感器。试验表明，介孔铂电极比未经处理的铂电极、铂黑电极对于探测葡萄糖氧化等慢反应过程更灵敏，可以预测其在制备非酶传感器领域将有广泛的应用前景。

6.4 多肽、蛋白质检测

生物传感器作为一门涉及化学、生物学、物理学以及电子学等领域的交叉学科，在临床医药、发酵生产、食品检验和环境保护等诸多领域有着广阔的应用前景。结合电分析技术与生物传感技术的电化学生物传感器是其中非常重要的一类。它是由生物材料作为敏感元件，电极作为转换元件，以电势、电流或电导等作为特征检测信号的传感器。其研制过程中的一个关键因素是生物分子的固定化。如何在电极表面有效地固定生物分子，无论是对于研究蛋白质等生物分子的性质，还是对于研制新型电化学生物传感器都至关重要。理想的生物分子的固定方法要求既能促进有效的电子转移，又能保持被固定生物分子的活性。近年来，纳米技术逐步进入电分析和生物传感器领域，取得了突破性的进展。通过将新型纳米材料修饰到电极表面，可以有效地固定生物分子，并促进其氧化还原中心与电极之间的直接电子转移，从而研制新一代生物传感器及其他生物器件。

有研究表明在介孔材料上固定生物分子，可以有效防止生物分子的失活，并提高极端条件（有机溶剂、温度、pH 值等）下生物分子的稳定性和储存性能，所以介孔材料已成为当前制备电化学生物传感器的热点材料之一。尽管介孔材料复合的电化学生物传感器具有很多其他材料无法相比的优点，但在研究中也遇到很多问题，如有些生物分子在不同结构的介孔材料上固定后，其表观生物活性可能增加，也可能下降；另外，由于介孔材料在电极表面固定后的孔道取向问题，某些传感器存在电化学响应时间长、电极重现性差等问题。如何制备具有特定形貌、尺寸及结构的有序介孔材料，开发新颖的生物分子固定组装手段，在保证生物分子表观活性的同时，提高生物分子的负载量，是发展基于介孔材料的生物电化学传感器的一个重要研究方向。

Dekker 等[61]报道了基于单根 SWCNT - FET 的生物传感器，利用带有芘基团的生物功能化试剂将 GOD 固定在半导体碳管侧壁上。实验证明，固定的 GOD 对半导体 SWCNT 的传导性影响很大。由于碳管上吸附了具有给电子能力的 DMF，结果降低了半导体 SWCNT 的传导性。最重要的是，实验证明只需大约 50 个 GOD 分子的吸附就能显著地降低半导体 SWCNT 的传导性。这表明该传感器对 GOD 的检测具有潜在应用前景。此外，加入葡萄糖对包裹 GOD 的半导体 SWCNT 的电导也会有变化，表明能够利用单根 SWCNTs 在单根分子水平上构建一种酶活性的传感器。在电子媒介体如 $K_3Fe(CN)_6/K_4Fe(CN)_6$ 和 K_2IrCl_6/K_3IrCl_6 存在条件下，SWCNT - FETs 能在皮摩尔级上、2 个数量级线性范围内检测蓝铜氧化酶和漆酶的活性[62]。

SWCNT - FET 已用于蛋白质-蛋白质特异性作用的高灵敏检测[63,64]。非目标蛋白质（浓度均为 10mg/mL 的牛血清蛋白、纤维蛋白原、链霉亲和素）及目标蛋白

(10mg/mLIgG）固定在IgGFab修饰的CNT－FET上，加入PBS溶液后观察CNT－FETs的电响应信号。当将目标蛋白加入到碳纳米管通道上之后，电信号迅速降低。相反，在加入PBS溶液作为参照物或加入非目标蛋白质之后，电导呈略微增加趋势。CNT－FET生物传感器灵敏度非常低（检测限约1000ng/mL），然而基于小的Fab片段的生物传感器能够检测到1pg/mL（约7fmol/L水平）[65]。值得注意的是，这一方法可应用于与普遍抗体的检测，并且它能用于制备无标记的超灵敏生物传感器，检测临床上在疾病诊断中的重要生物标志物。另外，有人基于核酸适体修饰的碳纳米管，构建了一种CNT－FETs蛋白质传感器来检测IgE。对IgE的检测限为250pmol/L[66]。在免疫分析中，具有分子尺寸灵敏度的无标记SWCNTs－FETs在检测中具有很好前景。

基于碳纳米管的无标记场效应传感器为下一代DNA生物传感器提供了一个新的方法[67,68]。例如，通过检测杂交反应固有的电荷转移，一个简单而通用的无标记检测含15个和30个随机序列的核苷酸杂交方法被创建[69]。Star等[70]报道了基于碳纳米管场效应网络晶体管（NTNFETs）的平台来选择性检测DNA的固定和杂交的方法。固定了合成寡核苷酸的NTNFETs展示了其对靶向DNA序列的特异性识别，可在皮摩尔级的浓度范围内无标记检测DNA。这种传感机制归属于DNA离子对的强烈电子效应，这证实了DNA检测是基于NTNFET的电荷转移机制。

此外，以人工的寡核苷酸为核酸适体，可以和各种各样的识体进行高选择、特异和倾向性的结合。Lee的团队构建了第一个基于SWCNT－FET的核酸适体生物传感器[71]，他们向凝血酶适体功能化的SWCNT－FET表面加入凝血酶导致了电导的锐减，显示了对固定凝血酶适体的高选择性。核酸适体修饰的SWCNT－FETs有望发展成无标记蛋白质的生物传感器。基于金纳米微粒连接的NTNFETs也被设计用来检测DNA杂交，其对DNA的响应比单独的SWCNT通道高6倍[72]。

Chen等[73]把介孔纳米结构的金薄膜通过电化学方法沉积在玻碳电极表面，固定受体蛋白，通过夹心结构的免疫传感器来检测抗原。检测过程中，由于电极表面有不溶物的生成，生物催化活性发生改变，抗原-抗体反应使阻抗信号放大。这种免疫传感器具有很好的灵敏性和选择性，方法的线性范围在0.011～11μg/L，检测下限达9ng/L。

基于直接电子传递的第三代生物传感器由于其具有制备简单、成本低、选择性好、灵敏度高、易于微型化等特点，在临床诊断、环境监测以及食品工业等领域具有广泛的应用前景，但由于氧化还原蛋白和酶的反应活性中心深埋在分子内部，并且在电极表面容易失活，使得其在电极表面难以进行直接电子传递。因此，应用新材料以制备性能优良的第三代生物传感器成为目前研究热点之一。其中，应用纳米材料和介孔材料构建的第三代传感器得到了广泛的研究。由于纳米材料的物理、化学以及电化学性能优良，并且还具有良好的生物兼容性，将其应用于生物传感器能够较大的改善传感器的性能。介孔材料具有大的比表面积、独特的孔容结构以及单一的孔径，可以成为理想的固酶载体。

6.5 DNA、RNA片段检测

核酸（Nuclear acid）作为生命体的最基本物质之一，是遗传信息储存、复制和传递的主要载体。核酸在生命体的生长、遗传、变异等一系列生命现象中起着决定性的作用，现已发现多种疾病与核酸存在密切的关系。因此，对核酸的检测及其性质结构的研究具有重要意义。简单、快速、灵敏的核酸分析方法将对相关疾病机理的研究和相应的诊断、预防水平的提高起到积极的促进作用。

自1953年Watson和Crick发现生物遗传分子脱氧核糖核酸（DNA）的双螺旋结构、建立生物遗传基因的分子机理以来，有关DNA分子的识别、测序一直为人们所关注。研究DNA直接电化学行为，主要依靠嘌呤碱基的氧化还原性来实现，这种检测方法不用标记、快速简便，但是需要很高的电位才能将鸟嘌呤和腺嘌呤氧化，具有背景电流高、不能达到理想的检出限的缺陷。近年的研究表明，当DNA修饰于介孔材料表面时，可以有效降低DNA氧化还原电位，减小背景电流，以此获得更高的检测灵敏度[74,75]。

Zhang等[74]在用电化学阳极氧化法制备的介孔二氧化硅基体上修饰DNA探针，从而制备了用于检测肠炎沙氏门菌的电化学传感器。利用探针对靶标DNA的特异选择性，传感器的检测灵敏度可达$1\mu g \cdot L^{-1}$。通过电极表面组成及结构的精细调变，可有效地提高传感器探测灵敏度。

Rho等[75]利用低压溅射的方法将金膜沉积到阳极纳米孔氧化铌基底上，制备了DNA电化学传感器。因金膜和纳米孔的氧化铌之间的界面电容作用，电荷在界面上积累，氧化还原信号因此极大增强。这种高灵敏传感器可用于单碱基错配DNA的检测及错配位点的识别。

张玉雪等[76]利用循环伏安法将新蒸单体吡咯和羧基化WMCNTs聚合到电极表面，通过生物素-亲和素体系固定探针，制备了一种电化学DNA生物传感器，成功实现了对沙门氏菌毒力基因invA的特异性基因片段的快速检测。

DNA生物传感器检测的基础是核酸的杂交反应，DNA片段中核苷酸碱基的特定序列决定了基因的遗传特性，但特定序列DNA在特定条件下会产生可遗传的变异。因此，DNA序列的研究在对人体组织、血液、微生物、病毒等样本中特定DNA序列的定性、定量检测有着十分重要的意义。随着对基因与癌症及其他基因相关病症的了解，在分子水平上检测与疾病有关的基因，对实现基因筛选、遗传疾病的诊断和治疗具有十分深远的意义。每种生物体内都含有独特的核酸序列，因此各种细菌、病毒等病原体也可以通过DNA检测[77,78]。目前，已有检测灵敏度高达10^{-13}M的电化学DNA传感器的报道，Hua等[79]采用一个20聚体的核苷酸探针修饰在离子液体-石墨烯复合物上，检测了（HIV-1）片断上的基因。有关DNA修饰电极的研究除对于基因序列检测有重要意义外，还可将DNA修饰电极用于检测基因片段中的碱基组分[80]。可以预见的是它将成为生物电化学的一个非常有生命力的前沿领域。但是电化学DNA传感器离实际应用还有很大的距离，主要是因为传感器的稳定性、重现性等都还有待提高。

DNA传感器分为两种，一种是研究DNA的直接氧化；另一种是研究DNA的互补链的定量测定。有人报道了基于石墨烯修饰电极的DNA的电化学氧化。其研究了四种碱基（G，A，T和C）在电极上的氧化峰电流信号，并且能够同时测定四种碱基。

近年来，QDs和磁性纳米粒子已被广泛应用于各种类型生物传感器的制备中[81]。作为分子识别元件，它们不仅能够增加传感器中生物活性分子的固定量、提高传感器的灵敏度，而且与其他材料结合可以改善传感器响应性能，因此成为目前研究的热点之一。He等[82]基于Mn掺杂ZnSQDs和甲基紫（MV）的光诱导电子转移（PIET）效应，建立了一种灵敏的定量检测生物体液中DNA的新方法。当MV吸附到Mn掺杂ZnSQDs表面时，通过PIET过程储存了Mn掺杂ZnSQDs的磷光。当DNA加入体系后，由于DNA和MV结合，使得MV从Mn掺杂ZnSQDs表面脱附，从而引起Mn掺杂ZnSQDs的RTP增强。该方法能够灵敏、快速地检测生物体液中的DNA。

人类基因的检测和测序，尤其是DNA变异的灵敏检测，对遗传性疾病的诊断、早期监测和治疗有重要意义。纳米材料被广泛用于构建新型高灵敏、高选择性的DNA测定平台。例如，Muller小组[83]提出了一种基于用纳米粒子进行信号放大的微阵列方法，用于人类基因组内多通道单核苷酸多态性（SNP）基因的分类。该方法通过等位基因表面固定的探针和寡核苷酸功能化的金纳米粒子，使得寡核苷酸与目标DNA的SNP片段不断杂交，此检测方法简单、快速、耐用、特异性强，且不需扩增或还原手段，适于多通道SNP的即时分析。

Wang小组[84]基于量子点发展超灵敏纳米技术，用于定量测定阻碍肿瘤关键抑制基因而引发癌变的甲基化DNA。亚硫酸氢钠修饰的DNA进行PCR扩增，引物可区分甲基化和未甲基化DNA，利用量子点捕获PCR扩增子，通过荧光共振能量转移确定甲基化的程度。在未甲基化基因共存量达1000倍时，这种方法仍可检测低至15pg的甲基化DNA；同时，该方法还可设计进行多通道分析。此法灵敏度高，能在含有低浓度甲基化DNA的患者痰标本内对PYCARD、CDKN2B和CDKN2A基因的甲基化进一步检测，而传统方法需要嵌套的PCR扩增才能实现。

纳米材料也被用于构建高灵敏、微型化的生物分子传感平台。例如，Tan课题组[85]通过在磁性纳米粒子表面连接分子新标DNA探针，构建新型基因磁力纳米捕获器（GMNC），在含有不同蛋白质和随机DNA序列的人工样品和癌细胞样本中，实现了单碱基不同的痕量DNA/RNA分子的收集、分离和检测。这种方法有独特的优点，如对低至飞摩尔浓度的痕量DNA/mRNA样本的高效收集，通过分子信标的特异性和磁性纳米粒子的分离能力区分单碱基错配DNA/mRNA，并对所收集的基因产物进行实时监控和确认。Kelley小组[86]构建金纳米阵列电极用于幽门螺杆菌23SrRNA基因的部分寡核苷酸序列的超灵敏检测，检测限可以达到埃摩尔水平。Ru（Ⅲ）电子受体能在电极表面还原，继而被过量的Fe（Ⅲ）氧化。该免标记传感器利用$Ru(NH_3)_6^{3+}$和$Fe(CN)_6^{3-}$之间的催化反应对固定在金纳米阵列电极上的目标DNA序列和寡核苷酸探针之间的杂交进行定量，随着DNA的杂交，电极表面磷酸盐阴离子浓度增加，$Ru(NH_3)_6^{3+}$浓度增大，因此产生了较大的电催化信号。

介孔材料在生物传感器上得到了广泛的应用基于以下原因，一方面，一些具有氧化还原活性的蛋白质和酶，如大分子的葡萄糖氧化物酶和血红蛋白，其三维尺寸分别为5.2nm×6.0nm×7.7nm和5.0nm×5.5nm×6.5nm[87]，介孔材料的孔径在2～50nm范围内，因而介孔材料对蛋白质在尺寸上有良好的匹配性；另一方面，介孔材料有良好的吸附性能，可以增大酶的固定量，从而增强反应信号，在应用介孔材料固定蛋白质时，主要的作用力是物理吸附，相比较共价键合法等其他固定方法，对酶的活性影响最小。除以上两点外，有些金属氧化物（如二氧化钛）本身也具有良好的催化活性，对于放大电流信号有着良好的促进作用，将其制备成介孔形貌后改善了金属氧化物传感器的性能。因而，介孔材料在生物传感器和实现酶直接电化学上有较大的应用潜力。

6.6 疾病标记物检测

抗体对其抗原具有专一识别和结合的功能，利用这种特异性识别的功能将抗体或抗原和电极组合而成的检测装置就是电化学免疫传感器。根据电化学免疫传感器的结构可将其分为直接型和间接型两类。直接型是在抗体与其相应抗原识别结合的同时将其免疫反应的信息直接转变成电信号。这类传感器在结构上可进一步分为结合型和分离型两种。前者是将抗体或抗原直接固定在电极表面上，传感器与相应的抗体或抗原发生结合的同时产生电势改变；后者是用抗体或抗原制作抗体膜或抗原膜，当其与相应的配基反应时，膜电势发生变化，测定膜电势的电极与膜是分开的。间接型是将抗原和抗体结合的信息转变成另一种中间信息，然后再把这个中间信息转变成电信号。间接型电化学免疫传感器通常采用酶或其他电活性化合物进行标记，将被测抗体或抗原的浓度信息加以化学放大，从而达到极高的灵敏度。电化学免疫传感器有很多的应用实例，例如诊断早期妊娠的hCG免疫传感器，诊断原发性肝癌的甲胎蛋白（AFP）免疫传感器，测定人血清蛋白（HSA）免疫传感器，此外还有IgG免疫传感器、胰岛素免疫传感器等。

纳米颗粒可以用来定位肿瘤，荧光素标记的识别因子与肿瘤受体结合，可以在体外用仪器显影确定肿瘤的大小和位置。另一个重要的方法就是用纳米磁性颗粒标记识别因子，与肿瘤表面的靶标识别器结合后，在体外测定磁性颗粒在体内的分布和位置，从而给肿瘤定位[88~90]。众所周知，癌症和其他病变的早期检测尤为重要，早期检测可以提高治愈的成功率。血清中生物标志物的含量（如肿瘤相关抗原）与肿瘤的阶段密切相连，因此很有可能发展成可靠、快速、定量、低成本的多元识别技术，实现生物标志物的灵敏检测。纳米材料被广泛应用于信号放大，例如，Mirkin 小组[91]基于纳米粒子发展了生物条形码放大技术，该方法对前列腺特异性抗原（PSA）的检测可低达 30amol/L。Rusling 及其合作者[92]利用碳纳米管负载高含量的酶和二抗，构建高灵敏 PSA 电化学免疫传感器。该传感器在 10μL 未经稀释的小牛血清中对 PSA 的检测可以达到 40fg。Ju 的课题组[93]以金纳米粒子修饰的碳纳米管为载体来负载葡萄糖氧化酶和抗体构建信号放大体系，通过结合一次性免疫传感器阵列，实现多种肿瘤标志物的同时检测。该方法对癌胚抗原和 a-甲胎蛋白同时检测的检测限分别为 1.4pg/mL 和 2.2pg/mL。

Lin 的课题组[94]利用量子点（CdS@ZnS）作为标记，设计一次性电化学免疫传感器诊断装置用于蛋白质生物标志物的即时定量检测。该诊断装置采用夹心免疫反应模式，以免疫层析试纸条为基底，利用嵌入膜下的一次性印刷电极测量标记量子点的溶出伏安信号。该方法结合了传统免疫层析试纸条测试速度快、低成本及碘化学测定灵敏度高的优点，对人体血清样本中 PSA 抗原的检测可低至 20pg/mL。

纳米材料除了广泛用于信号放大，也被逐渐用于构建微型多通道免疫传感芯片。例如，Lieber 小组[95]利用硅纳米线构建纳米线免疫阵列，实现多种肿瘤标志物的实时、无标记、多通道检测。不同的纳米线和表面受体可以融合为单个检测元件，该装置对蛋白质标记物的检测可达到飞摩尔级，且选择性高、可以有效区别假氧性。

作为新一代无机材料，有序介孔材料在能源、环境、制药等领域已显示出其独特的魅力[96,97]。研制基于介孔材料的高性能电极，以期获得具有良好检测灵敏度、选择性、重现性，以及小型、便携能适应实际应用需要的电化学生物传感器，仍然面临众多挑战。

参考文献

[1] BECK J S, VARTULI J C, ROTH W J, et al. Journal of the American Chemistry Society [J] . 1992, 114 (27): 10834 - 10843.

[2] Baron R. , Darchen A. , Hauchard D. Electrode reaction mechanisms for the reduction oftert — butyl peracetate, lauryl peroxide and dibenzoyl peroxide. Electrochimica Acta, 2006, 51 (7): 1336 - 1341.

[3] Zhang M. , Cheng F. L. , Cai Z. Q. , Chen M. Q. A New Hydrogen Peroxide Biosensor Based on Hrp / Ag Nanowires / Glassy Carbon Electrode. Applied Mechanics and Materials, 2012c, 110: 577 - 584.

[4] Ge P. Y. , Zhao W. , Du Y. , Xu J. J. , Chen H. Y. A novel hemin—based organic phase artificial enzyme electrode and its application in different hydrophobicity organic solvents. Biosensors and Bioelectronics, 2009, 24 (7): 2002 - 2007.

[5] Fang Y. , Zhang D. , Qin X. , Miao Z. , Takahashi S. , nzai J. A, Chen Q. A non — enzymatic hydrogen peroxide sensor based on poly (vinyl alcohol) — multiwalled carbon nanotubes—platinum nanoparticles hybrids modified glassy carbon electrode. Electrochimica Acta, 2012, 70: 266 - 271.

[6] Feng J. J. , Li Z. H. , Li Y. F. , Wang A. J. , Zhang P. P. Electrochemical determination of dioxygen and hydrogen peroxide using Fe_3O_4@ SiO_2@ hemin microparticles. Microchimica Acta, 2012: 1 - 8.

[7] Zhang K. , N. Zhang, H. Cai, and C. Wang. A novel non—enzyme hydrogen peroxide sensor based on an electrode modified with carbon nanotube—wired CuO nanoflowers. Microchimica Acta, 2012b: 1 - 6.

[8] Karyakin AA, Gitelmacher OV, Karyakina EE. A high sensitive glucose amperometric biosensor based on Prussian Blue modified electrodes. Anal Lett, 1994, 27: 2861 - 2869.

[9] Karyakin A, Karyakina E, Gorton L. Amperometric biosensor for glutamate using Prussian blue — based "artifical peroxidase" as a transducer for hydrogen peroxide. Anal Chem, 2000, 72: 1720 - 1723.

[10] Karyakin A, Karyakina E. Prussian blue—based "artifical peroxidase" as a transducer for hydrogen peroxide detection. Application to biosensors. Sensor Actuat B—Chem, 1999, 57: 268 - 273.

[11] Garjonyte R, Malinauskas A. Electrocatalytic reactions of hydrogen peroxide at carbon paste electrodes modified by some metal hexacyanoferrates. Sensor Actuat B—

Chem B, 1998, 46: 236 - 241.

[12] Lin MS, Len HJ. A Fe3O4 — Based chemical sensor for cathodic determination of hydrogen peroxide. Electroanalysis, 2005, 17: 2068 - 2073.

[13] Wei H, Wang EK. Fe3O4 magnetic nanoparticles as peroxidase mimetics and their applications in H2O2 and glucose detection. Anal Chem, 2008, 80: 2250 - 2254.

[14] Turdean GL, Popescu IC, Curulli A, et al. Iron (Ⅲ) protoporphyrin Ⅸ — single—wall carbon nanotubes modified electrodes for hydrogen peroxide and nitrite detection. Electrochim Acta, 2006, 51: 6435 - 6441.

[15] Lin ZY, Chen JH, Chi YW et al. Electrochemiluminescent behavior of luminol on the glassy carbon electrode modified with CoTPP/MWCNT composite film. Electrochim Acta, 2008, 53: 6464 - 6468.

[16] Wu L, Zhang X, Ju H. Highly sensitive flow injection detection of hydrogen peroxide with high throughput using a carbon nanofiber—modified electrode. Analyst, 2007, 132: 406 - 408.

[17] Liu CY, Hu JM. Hydrogen peroxide biosensor based on the direct electrochemistry of myoglobin immobilized on silver nanopaticles doped carbon nanotubes film. Biosens Bioelectron, 2009, 24: 2149 - 2154.

[18] Kachoosangi RT, Musameh MM, Abu—Yousef I, et al. Carbon nanotube—ionic liquid composite sensors and biosensors. Anal Chem, 2009, 81: 435 - 442.

[19] S. Mesaros, Vankova Z., Mesarosova A., Tomcik P., Grunfeld S., Electrochemical determination of superoxide and nitric oxide generated from biological samples. Bioelectrochem. Bioenerg, 1998, 46: 33 - 37.

[20] Mesaros S., Vankova Z., Grunfeld S., Mesarosova A., Malinski T. Preparation and optimization of superoxide microbiosensor. Anal. Chim. Acta, 1998, 358: 27 - 33.

[21] McNeil C. J., Athey D., Ho W. O. Direct electron transfer bioelectronics interfaces: application to clinical analysis. Biosens. Bioelectron, 1995, 10, 75 - 83.

[22] Song M. I., Bier F. F., Scheller F. W., A method to detect superoxide radicals using Teflon membrane and superoxide dismutase. Bioelectrochem. Bioenerg, 1995, 38: 419 - 422.

[23] Lvovich V. Scheeline A. Amperometic sensors for simultaneous superoxide and hydrogen peroxide detection. Anal. Chem, 1997, 69: 454 - 462.

[24] Wang M D, Han Y T, Liu X X, Nie Z, Deng C Y, Guo M L, Yao S Z. Sci. China Chem, 2011, 54 (8): 1273 - 1276.

[25] Zeng Yun－Long，Li Xia－Fei，Huang Hao－Wen，Tang Chun－Ran，Zhao Huan，Hu Ya－Mei，Li Jin. Chinese J. Anal. Chem，2011，39（8）：1171－1175.

[26] Buck R. P. Lindner E. Tracing the history of selective ion sensors. Anal. Chem，2001，73：88A－97A.

[27] Bakker E.，Buhlmann P.，Pretsch E. Carrier－based ion－selective electrodes and bulk optodes. 1. General characteristics. Chem. Rev，1997，97：3083－3132.

[28] Buhlmann P.，Pretsch E.，Bakker E. Carrier－based ion－selective electrodes and bulk optodes. 2. Ionophores for potentiometric and optical sensors. Chem. Rev，1998，98：1593－1687.

[29] Bakker E.，Buhlmann P.，Pretsch E. Polymer membrane ion－selective electrodes—what are the limits? Electroanalysis，1999，11：915－933.

[30] Bakker E. Telting—Diaz M. Electrochemical sensors. Anal. Chem，2002，74：2781－2800.

[31] Bakker E.，Buhlmann P.，Pretsch E. The phase－boundary potential model. Talanta，2004，63：3－20.

[32] Mathison S. Bakker E. Effect of transmembrane electrolyte diffusion on the detection limit of carrier－based potentiometric ion sensors. Anal. Chem，1998，70：303－309.

[33] Sokalski T.，Ceresa A.，Zwickl T.，Pretsch E. Large improvement of the lower detection limit of ion—selective polymer membrane electrodes. J. Am. Chem. Soc，1997，119：11347－11348.

[34] Bakker E. Pretsch E. Potentiometric sensors for trace—level analysis. TrAC，Trends Anal. Chem，2005，24：199－207.

[35] Bakker E.，Diamond D.，Lewenstam A.，Pretsch E. ion sensors：current limits and new trends. Anal. Chim. Acta，1999，393：11－18.

[36] Burnett R. W.，Covington A. K.，Fogh—Andersen N.，Kulpmann W. R.，Lewenstam A.，Maas A. H. J.，Muller－Plathe O.，Vankessel A. L.，Zijlstra W. G. Use of ion—selective electrodes for blood—electrolyte analysis. Recommendations for nomenclature，definitions and conventions. Clin. Chem. Lab. Med，2000，38：363－370.

[37] Buck R. P.，Cosofret V. V.，Lidner E.，Ufer S.，Madaras M. B.，Johnson T. A.，Ash R. B. Neuman M. R. Microfabrication technology of flexible

membrane — based sensors for in — vivo applications. Electroanalysis, 1995, 7: 846 - 851.

[38] Menon S. K., Sathyapalan A., Agrawal Y. K. Ion selective electrodes in pharmaceutical analysis—a review. Rev. Anal. Chem, 1997, 16: 333 - 353.

[39] Kong RM, Zhang XB, Zhang LL, et al. An ultrasensitive electrochemical "trun—on" label—free biosensor for Hg2+ with Au NP—functionalized reporter DNA as a signal amplifier. Chen Commum, 2009, 5633 - 5635.

[40] Zhu ZQ, Su YY, Li J, et al. Highly sensitive electrochemical sensor for mercury (Ⅱ) ions by using a mercury — specific oligonucleotide probe and gold nanoparticle—based amplification. Anal Chem, 2009, 81: 7660 - 7666.

[41] Jian AK, Singh RP, Bala C. Solid membranes of copper hexacyanoferrate (Ⅲ) as thallium (i) sensitive electrode. Anal Lett, 1982, 15: 1557 - 1563.

[42] Jian AK, Singh RP, Bala C. Studies on an araldite — based membrane of copper hexacyanoferrate (Ⅲ) as a cesium (again leave as caesium if title is such) ion—sensitive electrode. J Chen Technol Biot Chem Technol , 984, 34A: 363 - 366.

[43] Cox JA, Das BK. Voltammetric determination of nonelectroactive ions at a modified electrode. Anal Chem, 1985, 57: 2739 - 2740.

[44] Engel D, Grabner EW. Copper hexacyanoferrate—modified glassy carbon: a novel type of potassium — selective electrode. Ber Bunsenges Phys Chem, 1985, 89: 982 - 986.

[45] Thomsen KN, Baldwin RP. Amperometric detection of nonelectroactive cations in flow systems at a cupric hexacyanoferrate electrode Anal Chem, 1989, 61: 2594 - 2598.

[46] Thomsen KN, Baldwin RP. Evaluation of electrodes coated with metal hexacyanoferrate as amperometric sensors for nonelectroactive cations in flow systems. Electroanalysis, 1990, 2: 263 - 271.

[47] Tain Y, Eun H, Umezawa Y. A cation selective electrode based on copper and nickel hexacyanoferrates: dual response mechanisms, selective uptake or adsorption of analyte cations. Electrochim Acta, 1998, 43: 3431 - 3441.

[48] Yantasee W, Lin Y, Fryxell G E, et al. Simultaneous detection of cadmium, copper, and leadusing a carbon paste electrode modified with carbamoylphosphonic acid self — assembledmonolayer on mesoporous silica (SAMMS) . Anal. Chim. Acta, 2004, 502: 207 - 212.

[49] Yantasee W, Lin Y H, Li X H, et al. Nanoengineered electrochemical

sensor based onmesoporous silica thin－film functionalized with thiol－terminated monolayer. Analyst，2003，128：899－904.

［50］Besteman K，Lee J O，Wiertz F G M，et al. Enzyme－coated carbon nanotubes as single－molecule biosensors［J］. Nano. Lett.，2003，3（6）：727－730.

［51］Barone PW，Baik S，Heller DA，et al. Near－infrared optical sensors based on single－walled carbon nanotubes. Nat Mater，2005，4：86－92.

［52］Xu H，Aylott JW，Kopelman R. Fluorescent nano－PEBBLE sensors designed for intreacellular glucose imaging. Analyst，2002，127：1471－1477.

［53］Wang J，Musameh M. Carbon nanotube/teflon composite electrochemical sensors and biosensors［J］. Anal. Chem.，2003，75（9）：2075－2 079.

［54］Lee D，Lee J，Kim J，et al. Simple fabrication of a highly sensitive and fast glucose biosensor using enzymes immobilized in mesocellular carbon foam［J］. Adv. Mater，2005，17（23）：2828－2 833.

［55］Dai Z H，Fang M，Bao J C，et al. An amperometric glucose biosensor constructed by immobilizing glucose oxidase on titanium－containing mesoporous composite material of no. 41 modified screen－printed electrodes［J］. Anal. Chim. Acta，2007，591（2）：195－199.

［56］Zhu L，Tian C，Zhu D，et al. Ordered mesoporous carbon paste electrodes for electrochemical sensing and biosensing［J］. Electroanalysis，2008，20（10）：1128－1134.

［57］Yu J J，Yu D L，Zhao T，et al. Development of amperometric glucose biosensor through immobilizing enzyme in a Pt nanoparticles/mesoporous carbon matrix［J］. Talanta，2008，74（5）：1 586－1591.

［58］You C P，Xu X，Tian B Z，et al. Electrochemistry and biosensing of glucose oxidase based on mesoporous carbons with different spatially ordered dimensions［J］. Talanta，2009，78（3）：705－710.

［59］Cosnier S，Senillou A，Grarzel M，et al. Journal of Electroanalytical Chemistry［J］，1999，469（2）：176－181.

［60］Seo H K，Park D J，Park J Y. Thin Solid Films［J］，2008，516：5227－5230.

［61］Besteman K，Lee JO，Wiertz FGM，et al. Enzyme－coated carbon nanotubes as single－molecule biosensors. Nano Lett，2003，3：727－730.

［62］Boussaad S，Diner BA，Fan J. Influence of redox molecules on the electronic conductance of single－walled carbon nanotube field－effect transistors：application to chemical and biological sensing. J Am Chem Soc 2008，130：3780 - 3787.

[63] Byon HR，Choi HC. Network single—walled carbon nanotube—field effect transistors（SWNT—FETs）with increased schottky cantact area for highly sensitive biosensor applications. J Am Chem Soc，2006，128：2188 - 2189.

[64] Zhang YB，Kanungo M，Ho AJ，et al. Functionalized carbon nanotubes for detecting viral proteins. Nano Lett，2007，7：3086 - 3091.

[65] Kim JP，Lee BY，Hong S，et al. Ultrasensitivc carbon nanotube—based biosensors using antibody—binding fragments. Anal Biochem，2008，381：193 - 198.

[66] Maechashi K，Katsura T，Kerman K，et al. Label—free protein biosensor based on aptamer—modified carbon nanotube fild—effect transistors. Anal Chem，2007，79：782 - 787.

[67] Martinez MT，Tseng YC，Ormategui N，et al. Label—free DNA biosensors based on functionalized carbon nanotube field effect transistors. Nano Lett，2009，9：530 - 536.

[68] So HM，Park DW，Jeon EK，et al. Detection and titer estimation of Escherichia coli using aptamer—functionalized single—walled carbon—nanotube field—effect transistors. Small，2008，4：197 - 201.

[69] Tang XW，Bansaruntip S，Nakayama N，et al. Carbon nanotube DNA sensor and sensing mechanism. Nano Lett，2006，6：1632 - 1636.

[70] Star A，Tu E，Niemann J，et al. Label—free detection of DNA hybridization using carbon nanotube network field—effect transistors. Proc Natl Acad Sci，2006，103：921 - 926.

[71] So HM，Won K，Kim YH，et al. Single—walled carbon nanotube biosensors using aptamers as molecular pecognition elements. J Am Chem Soc，2005，127：11906 - 11907.

[72] Gui EL，Li LJ，Zhang KK，et al. DNA sensing by field—effect transistors based on networks of carbon nanotubes. J Am Chem Soc，2007，129：14427 - 14432.

[73] Chen Zhao—peng，Jiang Jian—hui，Shen Guo—li，et al. Analytica Chimica Acta [J]. 2005，553：190 - 195.

[74] Zhang Deng，Alocilja E C. IEEE Sensors Journal [J]. 2008，8（6）：775 - 780.

[75] Rho S，Jahing D，Lim J H，et al. Biosensors and Bioelectronics [J]. 2008，23（6）：852 - 856.

[76] Zhang Yu—Xue，Mou Jing—Nan，Liu Li—Yan，Wang Mao—Qing，Du

Xiao—Yan. Chin. J. Dis. Control. Prv. 2011，15（9）：745－748.

［77］Loaiza O. A.，Campuzano S.，edrero M. P，Pividori M. I.，García P.，Pingarrón J. M.，Disposable magnetic DNA sensors for the determination at the attomolar level of a specific enterobacteriaceae family gene［J］. Anal. Chem，2008，80：8239－8245.

［78］Escamilla — Gómez V.，Campuzano S.，Pedrero M.，Pingarrón J. M. Electrochemical immunosensor designs for the determination of staphylococcusaureus using 3，3—dithiodipropionic acid di（N—succinimidyl ester）—modified gold electrodes［J］. Talanta，2008，77：876－881.

［79］Hua Y. W.，Hua S. C.，Li F. H.，Jiang Y. Y.，Bai X. X.，Li D.，Niu L. Green—synthesized gold nanoparticles decorated graphene sheets for label—freeelectrochemical impedance DNA hybridization biosensing［J］. Biosens. Bioelectron，2011，26：4355－4361.

［80］Ambrosi A.，Pumera M. Stacked graphene nanofibers for electrochemical oxidation of DNA bases［J］. J. Phys. Chem，2010，12：8943－8947.

［81］Chen Gui—Fang，Liang Zhi—Qiang，Li Gen—Xi. Chin. J. Biophy. 2010，26（8）：711－725.

［82］He Y，Yan X P. Sci. China Chem，2011，54（8）：1254－1259.

［83］Bao YP，Huber M，Wei TF，et al. SNP identification in unamplified human genomic DNA with gold nanoparticle probes. Nucleic Acids Res，2005，33：e15.

［84］Bailey VJ，Easwaran H，Zhang Y，et al. MS—qFRET：A quantum dot—based method for analysis of DNA methylation. Genome Res，2009，19：1455－1461.

［85］Zhao XJ，Tapec—Dytioco R，Wang KM，et al. Collection of trance amounts of DNA/mRNA molecules using genomagnetic nanocapturers. Anal Chem 2003，75：3476－3483.

［86］Gasparac R，Taft BJ，Lapierre — Devlin MA et al. Ultrasensitive electrocatalytic DNA detection at two — and three — dimensional nanoelectrodes. J Am Chen Soc，2004，126：12270－12271.

［87］LvovY，ArigaK，Ichinosel.，et al. Assembly of MulticomPonent Protein Films by Means of Eleetrostatie Layer—by—Layer Adsorption［J］. J. Am. Chem. Soe，1995，117：6117－6123.

［88］Perez J M，O′Loughin T，Simeone F J，et al. DNA — based magnetic nanoparticle assembly acts as a magnetic relaxation nanoswitch allowing screening of DNA—cleaving agents［J］. J. Am. Chem. Soc.，2002，124（12）：2856－2857.

[89] Deng Y H, Deng C H, Yang D, et al. Preparation, characterization and application of magnetic silica nanoparticle functionalized multi—walled carbon nanotubes [J] . Chem. Commun. , 2005, (44): 5548 - 5550.

[90] Deng Y H, Wang C C, Shen X Z, et al. Preparation, characterization, and application of multistimuli — responsive microspheres with fluorescence — labeled magnetic cores and thermoresponsive shells [J] . Chem — Eur. J. , 2005, 11 (20): 6006 - 6013.

[91] Nam JM, Thaxton CS, Mirkin CA. Nanoparticle—based bio—bar codes for the ultrasensitive detection of proteins. Science, 2003, 301: 1884 - 1886.

[92] Yu X, Munge B, Patel V, et al. Carbon nanotube amplification strategies for highly sensitive immunodetection of cancer biomarkers. J Am Chem Soc, 2006, 128: 11199 - 11205.

[93] Lai GS, Yan F, Ju HX. Dual signal amplification of glucose oxidase—functionalized nanocomposites as a trace label for ultrasensitive simultaneous multiplexed electrochemical detection of tumor markers. Anal Chem, 2009, 81: 9730 - 9736.

[94] Liu GD, Lin YY, Wang J, et al. Disposable electrochemical immunosensor diagnosis device based on nanoparticle probe and immunochromatographic strip. Anal Chem, 2007, 79: 7644 - 7653.

[95] Zheng GF, Patolsky F, Cui Y, et al. Multiplexed electrical detection of cancer markers with nanowire sensor arrays. Nat Biotechnol, 2005, 23: 1294 - 1301.

[96] Jun—ping D, Yan—yan H, Shen—min Z, et al. Analytical and Bioanalytical Chemistry [J] . 2011, 396 (5): 1755.

[97] Pastor E, Matveeva E, Valle A, et al. Protein delivery based on uncoated and chitosan — coated mesoporous silicon microparticles. Colloids and Surfaces B: Biointerfaces [J] . 2011, 88 (2): 601.

[63] Deng Y H, Deng C H, Yang D, et al. Preparation, characterization and application of magnetic silica nanoparticle functionalized multi-walled carbon nanotubes [J]. Chem Commun, [illegible]

[64] Deng Y H, Wang C C, Shen X Z, et al. Preparation, characterization and application of multistimuli-responsive microspheres with fluorescence-labeled magnetic cores and thermoresponsive shells [J]. Chem-Eur J, [illegible] 6006-601[illegible]

[65] Nam J M, Thaxton C S, Mirkin C A. Nanoparticle-based bio-bar codes for the ultrasensitive detection of proteins [J]. Science, [illegible] 1884-1886.

[66] [illegible] J Am Chem Soc, [illegible]

[67] [illegible] HRP-DNA signal amplification of glucose binding [illegible] electrochemical [illegible] multiple [illegible] electrode [illegible]

[68] [illegible] Wang [illegible] Disposable electrochemical immunosensor based on nanoparticle [illegible]

[69] [illegible] electrical detection of cancer markers with nanowire sensor arrays [J]. Nat Biotechnol, 2005, 23: 1294-1301.

[70] [illegible] Analytical and Bioanalytical Chemistry, 2011, [illegible]

[71] [illegible] Colloids and Surfaces B: Biointerfaces, 2011, 88 (2): 664-[illegible]